大学生素质教育教材

机械工程专业大学生学科竞赛基础与实践

主　编　张争艳　乔国朝

副主编　管啸天　张建华

参　编　张换高　张建辉　吴敬兵

　　　　李世杰　陶孟仑

机械工业出版社

本书共计四篇，分别为谋划篇、战略篇、战术篇、实战篇。开篇论述了大学生为什么参加科技竞赛、参加科技竞赛能收获什么以及如何参加科技竞赛；以此为基础，从知己知彼、胜券在握角度出发，第二篇介绍了一些主要学科竞赛的基本信息；为打赢此战役，第三篇以各个突破、步步为赢为理念，从创意产生方法到机械产品创新设计基础，再到机械产品建模与仿真等技术，以生动翔实、具体深刻的实例，全面论述了参加学科竞赛过程中经常用到的系列战术；最后，以案例演练、能力提升为目的，第四篇以典型竞赛的全国一等奖作品为例，以飨读者。

本书自成系统、逐篇递进、深入浅出，适用于所有学科专业参加科技竞赛的大学生，可作为普通本科院校、高职高专院校"机械工程学科竞赛"课程的参考用书，也可作为科技竞赛的指导用书。

图书在版编目（CIP）数据

机械工程专业大学生学科竞赛基础与实践/张争艳，乔国朝主编. —北京：机械工业出版社，2022.12

大学生素质教育教材

ISBN 978-7-111-72696-8

Ⅰ.①机…　Ⅱ.①张…②乔…　Ⅲ.①机械工程-竞赛-高等学校-教材　Ⅳ.①TH

中国国家版本馆 CIP 数据核字（2023）第 035199 号

机械工业出版社（北京市百万庄大街 22 号　邮政编码 100037）
策划编辑：丁昕祯　　　　　　　责任编辑：丁昕祯
责任校对：张晓蓉　李　婷　　　封面设计：张　静
责任印制：张　博
北京雁林吉兆印刷有限公司印刷
2023 年 7 月第 1 版第 1 次印刷
184mm×260mm · 13.25 印张 · 323 千字
标准书号：ISBN 978-7-111-72696-8
定价：49.80 元

电话服务　　　　　　　　　网络服务
客服电话：010-88361066　　机　工　官　网：www.cmpbook.com
　　　　　010-88379833　　机　工　官　博：weibo.com/cmp1952
　　　　　010-68326294　　金　书　网：www.golden-book.com
封底无防伪标均为盗版　　机工教育服务网：www.cmpedu.com

序

《机械工程专业大学生学科竞赛基础与实践》的书稿放在我的面前，包括运筹帷幄、决胜千里（谋划篇），知己知彼、胜券在握（战略篇），各个突破、步步为赢（战术篇），以及案例演练、能力提升（实战篇），逐篇递进，深入浅出，助力大学生打好科技竞赛的攻坚战。仔细品读，可以体味到作者经过长时间缜密细微的思考，对全书内容进行了用心甄别、筛选和重组，浓缩了作者十多年来参加及指导大学生科技竞赛的经验，十分亲切。

古希腊学者普罗塔戈（Plutarch）曾言："学生的头脑不是用来填充知识的容器，而是一支需要被点燃的火把"。本书所介绍的学科竞赛正是点燃火把的"火种"之一，是激发学生学习热情和提升学习质量的有效手段。

近年，美国工程教育界提出"大工程观"和工程教育要"回归工程"的教育理念，国际工程教育（华盛顿协议）提出"以学生为中心、以成果为导向"的教育理念；中国高等教育已经迈开"掀起质量革命，建设质量中国"的步伐，这些均充分体现了工程与实践在学生培养中的重要性。工程与实践是专业教育的根本，是高等工科院校培养机械类工程技术人才的重要手段。学科竞赛融创新能力与工程系统实践能力培养为一体，为高等院校人才培养提供了践行"工程与实践"的大平台。

少年强、青年强，则中国强。作为新时代的大学生，要勇于做新时代的追梦人，敢于仰望星空、脚踏实地、苦干实干、珍惜韶华、不负青春，充分利用好大学校园"第二课堂"及其囊括的科技竞赛练就过硬本领。大学生科技竞赛为同学们提供了练就一流能力和技能的大舞台，供你们驰骋与翱翔。虽然前进的道路上充满荆棘和坎坷，但更多的是充满魔幻、想象力和收获各种成功的惊喜。

经常会有低年级的本科生问我诸如"什么是学科竞赛？""参加学科竞赛有什么用？""如何参加学科竞赛？""如何才能获得好的名次？"等问题；高年级的学生虽然理解了学科竞赛的内容和意义，但很难获得有创意的想法，不少团队往往止步于校赛。本书完美回应了上述的疑问或难题。

凡事预则立，不预则废。今天学科竞赛不但是高校创新人才培养的重要手段，而且已经成为用人单位选拔人才的重要依据。相信《机械工程专业大学生学科竞赛基础与实践》一书将成为指导我国大学生开展创新活动，培养创新人才的百花园中一朵绽放的报春梅花。

于武汉理工大学百花园

前　言

当前，我国高等教育已经迈开"掀起质量革命，建设质量中国"的步伐，从规模扩张走向内涵式发展，着力建设一流本科教育。

一流的本科教育要求学生具备一流的能力：优秀的分析能力、实践能力、创造力、沟通能力、商业和管理知识、领导力、道德水准、专业素养、终身学习；一流的本科教育要求学生掌握一流的技能：社会技能、系统技能、解决复杂问题的技能、资源管理技能、技术技能等复合交叉技能。

大学生科技竞赛为学生提供上述能力和技能培养的一个大舞台，前进的道路上充满荆棘、充满坎坷，但更多的是充满魔幻、充满想象力、充满各种惊喜和成功。科技竞赛作品包括创意提出、科技作品制作、答辩等环节，都是由本科生自己亲自完成，在整个过程中，个人的综合能力和综合技能将得到极大的锻炼和提高，有利于人才"艺术品"的打磨。真正地参与学科竞赛势必会助力于"人人都是艺术品"的宣言。对大学生而言，科技竞赛总有"雪中送炭"的精神，有足够的能力助你"更上一层楼"，让你"百尺竿头更进一步"。

编者从 2009 年开始在武汉理工大学指导大学生参加各类科技竞赛，并着手筹建武汉理工大学第二课堂实验室，很快步入正轨，此阶段取得国家一等奖两项，省部级特等和一等奖多项；2014 年进入河北工业大学工作，继续指导大学生参加各类科技竞赛，于 2016 年斩获学校认可的 A 类大赛（全国大学生机械创新设计大赛）全国一等奖（河北省唯一），刷新学校记录，再接再厉，于 2018 年斩获该赛事全国一等奖 1 项（学校唯一）、二等奖 1 项（学校唯一），于 2020 年再次斩获该赛事全国一等奖 1 项、二等奖 1 项；近 5 年来，累计获得国家一等奖 3 项，国家二等奖 4 项，省部级特等奖等奖励 50 余项，直接受益大学生 200 余人，他们之中大部分保送国内名校研究生。

在指导大学生科技竞赛的过程中，深深感受到大一、大二学生对科技竞赛的迷茫和知之甚少，大三、大四学生对科技竞赛的理解浅显、难提创意方案，这些真切感受促使我一直想整理自己的思考，以期扩大受益面，为参加科技竞赛的大学生奉献恰到好处的指导，但碍于各种理由迟迟难以落笔。2018 年始，河北工业大学机械设计制造及其自动化系增设了"学科竞赛"这门课程，借此机会，撰写本书以便更多大学生参考的愿望更加强烈。本着"既然做了，就要做好"的理念，就其格局与布局进行了长时间、缜密细微的思考，对其内容进行了用心甄别、筛选和重组，最后决定以四篇构建本书体系：运筹帷幄、决胜千里（谋划篇），知己知彼、胜券在握（战略篇），各个突破、步步为赢（战术篇），案例演练、能力提升（实战篇），逐篇递进，深入浅出，打好科技竞赛攻坚战。限于篇幅，实战篇部分，本书给出了两个经典的一等奖获奖申报书，更多的案例请于作者联系索取。

本书参考了国内多位学者的论文或著作、科技竞赛的官方网站等，也参考了网络上的一些资料和内容，在此一并表示感谢，正是由于这些观点和资料助推了本书的诞生，谨此，向所有参考文献/资料的作者致以深深的感谢。

本书从想法产生、内容收集和整理，到最后的统稿、校对等，都离不开团队的支持和帮助，在此，感谢河北工业大学国家技术创新方法与实施工具工程技术研究中心檀润华教授领衔的创新团队的精心指导和帮助，感谢河北工业大学机械工程学院的大力支持和帮助，感谢武汉理工大学智能制造与控制研究所陈定方教授的指导和关怀，以及吴敬兵教授等多位老师和李涛涛、谷曼、刘哲等多位同门师兄弟提供的珍贵素材和研究成果。

感谢河北工业大学的艾柯毅及其竞赛团队、郭庆及其竞赛团队、李婧涵及其竞赛团队、武汉理工大学的汪俊亮及其竞赛团队、李少波及其竞赛团队在实战案例上的无私奉献和帮助，感谢河北工业工业大学孙立新教授及其学生钱程提供在控制方面的素材，感谢我的研究生马聪、王厚程、董文超、王顺、杨雪慧、卜凡、李洁、申文豹对章节内容的校对。

本书受河北省教学改革项目（2018GJJG035，2017GJJG019，2019GJJG037，2019GJJG045）、教育部新工科研究与实践项目（2020GJXGK004）、河北工业大学重点教学改革项目（201702007，201702004）资助，再次表示感谢。

本书第一篇（第1~4章）由张争艳撰写，第二篇（第5~11章）由管啸天和张建华撰写，第三篇第12章由张换高和张建辉撰写，第三篇第13章由张争艳和张建辉撰写，第三篇第14章由张争艳和乔国朝撰写，第三篇第15~17章由张争艳撰写，第三篇第18章由张争艳和吴敬兵撰写。第四篇（第19、20章）由本书作者（张争艳、李世杰、陶孟仑）指导竞赛团队撰写。全书由张争艳统稿。

本书提及的观点或论述难免存在不妥之处，恳请读者批评指正，笔者定会诚心接受、再版时认真改正。

张争艳

河北工业大学机械工程学院

目 录

第三篇 各个突破、步步为赢（战术篇）

第四篇 案例演练、能力提升（实战篇）

第一篇　运筹帷幄、决胜千里（谋划篇）

第1章

我为什么要参加学科竞赛

1.1 新时代新要求

2012 年，党的十八大提出"推动高等教育内涵式发展"；2017 年，党的十九大明确要求"实现高等教育内涵式发展"；2018 年，中央文件确定"发展新工科、新医科、新农科、新文科"。当前中国高等教育已经迈开"掀起质量革命，建设质量中国"的步伐，从规模扩张走向内涵式发展，着力建设一流本科教育。

一流本科教育要求学生具备一流的能力，即优秀的分析能力、实践能力、创造力、沟通能力、商业和管理知识、领导力、道德水准、专业素养、终身学习能力；一流的本科教育要求学生掌握一流的技能：社会技能、系统技能、解决复杂问题的技能、资源管理技能、技术技能等复合交叉技能。

学科竞赛是培养一流学生的重要补充，使学生在整个课程过程中能够进行理论联系实际的工程作品创新，提高学生创新应用能力、工程系统实践能力、解决复杂工程问题能力以及动手实践能力。

1.2 大学你"佩奇"了吗

动画片《小猪佩奇》吸引着无数儿童，剧中的小猪佩奇非常可爱。我十分钦佩广大网友的智慧，不知什么时候流传非常火且有意思的一问：你"佩奇/配齐"了吗？建议所有大学生都真正对自己的大学生活问一句：你的大学生活配齐了吗？这里的配齐不是指三金（"金戒指、金耳环、金项链"），也不是指三电（"笔记本、手机、平板"），而是指当代大学生需要配齐的能力：优秀的分析能力、实践能力、创造力、沟通能力、商业和管理知识、领导力、道德水准、专业素养、终身学习的能力。指一个新时代大学生需要配齐的技能：社会技能、系统技能、解决复杂问题的技能、资源管理技能、技术技能等复合交叉技能。

这些能力和技能都是未来工程师必须具备和掌握的，大部分大学生未来都将成为工程师，那时，你是否是一个真正合格的工程师？如果以"产品质量"来比拟，你会是"合格品""精品"、还是"艺术品"？答案取决于你的选择和实际行动。

大学四年，如果你好好地规划、笃定地实施、辛勤地耕耘和执行，大学是完全有能力给与你这些能力和技能，四年的时间是完全足够改变一个人、毁灭一个人、成长一个人的，关键是看你的选择和实际行动。

这些能力的培养与大量的实践和练习是密切相关的，学科竞赛能够为你提供这样的一个大舞台，充满魔幻、充满想象力、充满各种惊喜。

1.3 时间都去哪了

《时间都去哪了》这首歌深情震撼、触动着你我的心，也是对你我最好的拷问。是啊，时间都去哪了，对任何人都公平的时间在我们洗手的时候从水盆里流过，在我们吃饭的时候从饭碗里流过，总是在不经意间流过，然而对大多少人却没有留下一丝云彩。

如果说人生是一个乐谱，那么大学生活就是其中最嘹亮的音符。然而，四年的大学生活十分短暂，弹指一挥间，四年的光阴在脑海中交织成一幅纷繁的画面：大一浑浑噩噩、手足无措，大二恍恍惚惚，大三愁眉苦脸、难见笑容（即将步入社会焦虑），大四是现实无情的打击（工作难找、各奔东西）。

步入社会，历经酸甜苦辣后才发现原来大学才是人生中最美好的时光，而我却没有好好把握，相信步入社会的大学生在经历社会的风吹雨淋后大都会感慨：如果可以给我再来一次的机会，绝对不会浪费在学校的时间，绝不负好时光，然而，时光不能倒流，作为在校的我们，如何避免如此无奈的感慨，需要大家仔细思考、踏实行动。

个人认为，尽管人的智力程度、IQ 值或许是有些许区别，尽管我们没有爱因斯坦、牛顿等伟大科学家的头脑，但是，我坚信"勤能补拙""熟能生巧""笨鸟先飞"的道理，在保证时间的前提下付出行动，势必得到较好的效果，因为有"天道酬勤"的至理名言；我认为，伟人之所以伟大就是他们能够很好地管理时间和珍惜时间。时间，对你我而言，就是生命、速度、气力；也是"千钟粟"、"黄金屋"、"颜如玉"。

因此，请珍惜美好的大学时光，莫被时间抛弃。

因此，请时常问自己：时间都去哪了？时间都去哪了？

因此，请记住：

盛年不重来，一日难再晨，及时宜自勉，岁月不待人。

莫等闲，白了少年头，空悲切。

落日无边江不尽，此身此日更须忙。

因此，请规划：

为自己的大学生活亲自操刀制定一份完美的规划，为自己负责，为自己的未来、为自己的理想和梦想负责，何尝不可？网传武汉市第十一中学高二学生制定的"狠强"作息表，把自己的规划制定的密密麻麻，如图 1-1 所示（来自网络），供大家思考。网传对此图的理解有："不是成功来得不够快，而是对自己不够狠""松弛的琴弦弹不出时代的强音！"。

惊世一问：高中生尚且如此，吾为何不可？

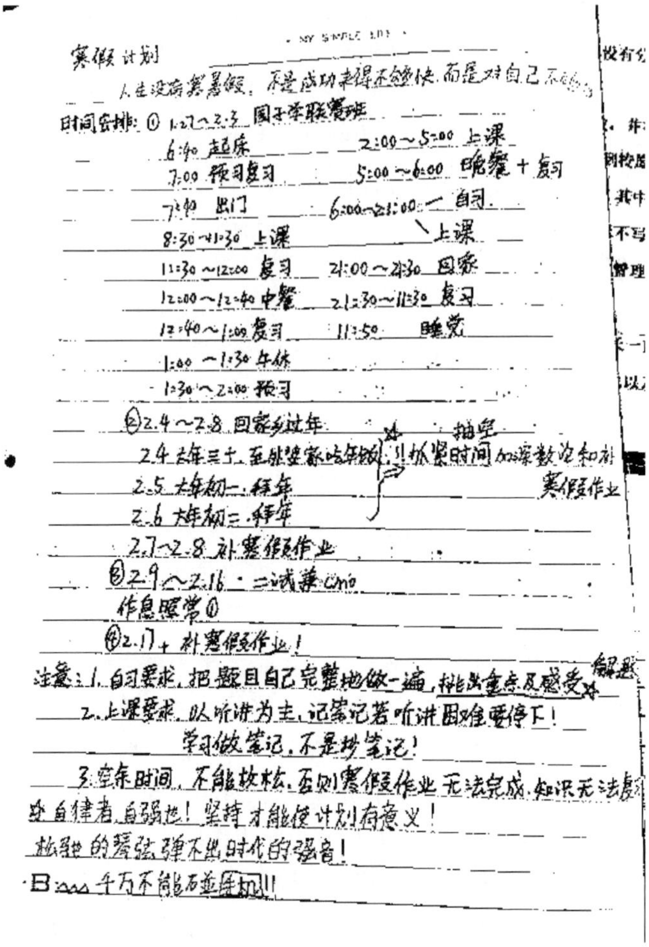
寒假计划

人生没有寒暑假，不是成功来得不够快，而是对自己不够狠

时间安排：① 1.27～2.3 国子学联赛班

6:40 起床　2:00～5:00 上课

7:00 预习复习　5:00～6:00 晚餐＋复习

7:40 出门　6:00～21:00 自习、上课

8:30～11:30 上课

11:30～12:00 复习　21:00～21:30 回家

12:00～12:40 中餐　21:30～11:30 复习

12:40～1:00 复习　11:50 睡觉

1:00～1:30 午休

1:30～2:00 预习

② 2.4～2.8 回家乡过年

2.4 大年三十，至外婆家吃年饭！！抓紧时间加深数论和补寒假作业

2.5 大年初一：拜年

2.6 大年初二：拜年

2.7～2.8 补寒假作业

③ 2.9～2.16：二试[illegible]

作息照常①

④ 2.17＋ 补寒假作业！

注意：1. 自习要求，把题目自己完整地做一遍，找出重点及感受

2. 上课要求，以听讲为主，记笔记若听讲困难要停下！

学习做笔记，不是抄笔记！

3. 空余时间，不能放松，否则寒假作业无法完成，知识无法……

自律者，自强也！坚持才能使计划有意义！

松弛的琴弦弹不出时代的强音！

千万不能碰手机！！

图 1-1　武汉市第十一中学高二学生制定的“狠强”作息表

1.4　更上一层楼

对于大学生，大学生活即将结束时围绕你们的无非是保送研究生、考研究生、出国留学、择业就业几个选择，然而无论哪一种，众所周知，都有面试的环节，其重要程度不言而喻。面试重点关注的是什么？面试是考察一个人的综合能力与素质，在短短几分钟的面试时间里，如何能够完美地表现你的综合能力与素质，在我看来，大学期间的经历，特别是学习之外你还参加了什么（例如学科竞赛），是重要的考察对象。无论是哪一种选择，成功了都是“更上一层楼”。

由于目前推免学校不限制推免学生的去向，使得推免/保送被视为是成功进入国内名校的捷径，比考取国内名校要容易得多。对于推免/保送研究生，各个学校的政策不尽相同，然而，据我了解，一个相同点就是，众多高校，无论是 985 还是 211，在推免/保研加分方面，学科竞赛都是举足轻重，有些高校单独留出一部分推免/保研名额给学科竞赛获奖名次较好的同学，例如，武汉理工大学推免/保研政策中的 B 类研究生要求见表 1-1 所示。

表 1-1　武汉理工大学推免/保研政策节选（2018 年）

类型	解析	条件
B 类推免生	按综合成绩及创新成果进行推荐	具有特殊学术专长或具有突出培养潜质，一般指： 有较强的创新意识，在科研或科研实践中有突出表现，并在学校认定的国家重要期刊上以第一作者（或独撰）身份发表过两篇及以上学术论文（或在学校认定的 A 类或 B 类期刊上发表一篇论文）； 在全国、省部级学术科技竞赛、发明创造竞赛中荣获国家三等奖（含三等奖）以上或省部级二等奖（含二等奖）以上奖励； 取得国家科技发明专利； 创业实践中取得突出成效的

对于考研究生，初试笔试是第一关，杀出重围后，当头而来的就是面试，初试面试二者按一定的比例加权定最终分，以此作为最终排名和录取与否的依据。此时，面试的好坏至关重要，有时候直接决定最终的排名。当前，部分 985 高校都有面试时"一票否决"的制度，无论初始成绩高低。"一票否决"有其独到的优势，使得以成绩论英雄的时代一去不复返，正被越来越多的高校接受和采纳。因此，某种意义上说，面试决定考研成败绝不是危言耸听。参加学科竞赛的学生，特别是获得各类奖项的学生，哪怕是没有获得任何奖项，经过历练后表现出的综合能力和素质都是相对超前的。

对于出国继续深造，令人头疼和担忧的是难以拿到心仪的国外大学的 offer，特别是大学排名越高，拿到 offer 越困难。编者曾在美国宾夕法尼亚州立大学学习过，据了解，在申请国外知名高校的 offer 时，学习成绩不是唯一的选项，除学习成绩和英语语言成绩外，是否参加诸如学科竞赛类或其他类的实践活动以及志愿者活动尤为重要，参加学科竞赛历练过的学生往往被视为综合能力较高的一类，加上不错的学习成绩，顺带就贴上了"眼高手也高"的标签，因此，更有助于国外知名高校的留学申请。

对于择业就业，大部分学生都是就业，谈不上择业，"先就业再择业"也是正确的。就业时，都会经历面试关，一般而言，越好的企业，面试的学生越多，此时，如何在众多面试者中脱颖而出，让面试官抛出"橄榄枝"，相信大部分同学在面试前都会思考和设计。正如前面所言，短短的几分钟面试，综合能力如何体现，此时，参加学科竞赛的经历能很好地回答这一问题。

当你处于保研边缘或者考研初试成绩不太理想时，学科竞赛对你而言绝对是雪中送炭；当你面对心仪的工作却诚惶诚恐，没有信心战胜众多强敌脱颖而出时，学科竞赛绝对会助你一臂之力，使你胜利登顶；当你准备出国留学海投简历时，学科竞赛绝对是你快速听到回音的助推剂。

总而言之，学科竞赛有"雪中送炭"的精神，有足够的能力助你"更上一层楼"，让你"百尺竿头更进一步"。

第2章

学科竞赛能给你什么

学科竞赛融创新能力与工程系统实践能力培养为一体，以学生的创新实践成果为导向，引导学生综合利用所学的专业知识和方法，从工程系统的角度，自主进行工程作品的创意、创新设计，自己动手加工零件并装配和调试运行，达到工程作品创意构思的实现，使学生在整个实践教学过程中能够进行理论联系实际的工程作品创新，提高学生创新应用能力、工程系统实践能力、解决复杂工程问题的能力以及动手实践能力。

学科竞赛能给你提供上述能力培养的一个大舞台，充满荆棘、充满坎坷，但更多的是充满魔幻、充满想象力、充满各种惊喜和成功。

2.1 酸甜苦辣的味道

首当其冲，酸甜苦辣的味道是学科竞赛赠送给你的第一份礼物。在一个学期，甚至一个学年、两个学年的参赛过程中，你首先会体验个中的酸甜苦辣。

1）酸：当你认为其他不如你们的作品获得了较好的名次，心里酸酸的；当你看到别人成双成对享受时光，而你却因为竞赛必须在深夜耕作不能休息时，心里酸酸的；当你眼睁睁地看着别人假期归家而你尚需留校时，心里酸酸的；当你路过溪水湖畔、惊闻鸟语花香却因为竞赛不能驻足多加欣赏时，心里酸酸的……。

2）甜：当你提出一个又一个创新性的想法，并用软件将创意变为现实时，心里总是甜甜的；当你攻克了一个又一个技术难题、找到解决方案时，心里总是美滋滋的；当你手握大奖站在高高的领奖台上、战战兢兢地发表着获奖感言时，心里总是陶醉的……。

3）苦：当你连续工作周身劳累时，心里是苦苦的；当你历经苦思冥想也找不到创意、找不到问题答案时，心里总是苦闷的；当你茅塞顿开瞬时顿悟获得灵感，有一日突然发现早已有似曾相识的作品时，心里是苦苦的……。

4）辣：酸酸甜甜的你，加上苦苦说不出的你，感觉是那么辣辣的……。

这些酸甜苦辣都是每个人的人生所需要的，有了它们，人生才不再平淡乏味、才会更加精彩；尝尝人生的酸甜苦辣，对自己的成长有好处，这个过程中，有同伴的相互鼓励和支持、有导师的宽心和疏导、有自己深刻的体会和领悟，就会练就强大的心理素质和承受能力。

当你参加完学科竞赛后，细细品味时，你会说"对，就是这味道！"

2.2　辉煌的荣誉结硕果

经历了无数的日日夜夜，付出了足够的汗水和勤劳，成功离你不会久远，丰硕的果实定会收获。

试想，当你听到斩获大奖的落地之音，会是怎样的激动？当你斩获大奖站到领奖台上目视前方观众，会是怎样的自豪？当你从颁奖嘉宾手里接过象征无上荣誉的证书和奖杯时，会是怎样的美好？手捧奖杯和证书，走在赛场的小路上，脚步是怎样的轻盈？载誉归来，心情是怎样的愉悦？

你们的收获或许打破了学校的某个记录，为学校再添辉煌，同时，也成为学弟学妹仰慕的对象，为学弟学妹们树立了学习和奋斗的榜样。

你们的收获、你们的奋斗、你们的经历、你们的经验，都需要和同学们一起分享。或许受邀在学校或学院诸如"名人讲堂"上来个激情演讲，抑或是精心准备的精彩报告，台下座无虚席、注目倾情，不亚于一场明星演唱会。

你们的收获，提升了你们的竞争力，无论职场打拼、名校深造，抑或是"走向世界"，从此无需再有"梦里都是 offer"的凄凉，更多是"人生抉择"的乐章。

你们的奋斗，炼成了你们的硬实力，无论职场打拼、名校深造，抑或是"勇闯天涯"，从此无需再有"胆战心惊"的畏缩，更多是"事半功倍"的惊艳。

你们的经历，铸就了你们的意志力，无论职场打拼、名校深造，抑或是"攀登顶峰"，从此无需再有"遇挫退缩"的悲怆，更多是"志坚不畏事"的气魄。

2.3　人人都是艺术品

对于企业，产品质量才是硬道理，产品质量就是天、产品质量就是命，产品质量是企业立足的根本和发展的保证，其优劣决定企业的发展命运，任何一个企业都期望产品质量由合格向精品转变，这是一种产品至上的理念。

教育亦是如此，各高校正在转变教育观念，在提升人才培养质量上下大力气，以求把学生由"合格品"雕成"优质精品"，即最终的理想目标应该是"人人都是艺术品"。

作者认为人才"艺术品"的界定是：拥有优秀的分析能力、实践能力、创造力、沟通能力、商业和管理知识、领导力、道德水准、专业素养、终身学习能力；拥有社会技能、系统技能、解决复杂问题的技能、资源管理技能、技术技能等复合交叉技能。

学科竞赛的作品，包括创意、科技作品的制作、答辩等环节，都是由本科生自己完成，在整个过程中，个人的综合能力和综合技能将得到极大地锻炼和提高，有利于人才"艺术品"的打磨。参与学科竞赛势必会助力于"人人都是艺术品"的实现。

2.4　我有一双灵巧手

曾几何时，听说有几十年如一日练就超级本领的工匠，手工打磨制作的零件精度赶超了世界最先进的机械加工装备所加工零件的精度，零件精度满足了众多高精尖装备上的零件精度要求，正是这些大国工匠用自己的灵巧双手，匠心筑梦，推动着科学技术的发展、人类社会的进步。真伪我们无需考究，但它至少代表着一种对实践和动手能力的宣言，代表着机器不是万能的。

尽管本科教育的目的并非全是培养国宝级的"大国工匠"，但练就一双"灵巧手"也是百利无一害的，"灵巧手"代表高超的动手能力，覆盖范围非常广，例如，缜密的科学实验、大国重器的研发、百尺高楼平地起等。

在学科竞赛中，参与者会经历和体会"构思→设计→加工→装配→运行"产品设计开发全过程，锻炼和强化了实际动手能力和实践能力，拥有了灵巧的双手。

2.5 奔跑吧

知音之交——伯牙子期高山流水琴棋一曲的故事家喻户晓，代表着友情的最高境界；管仲和鲍叔牙相知也成为代代流传的佳话，代表着交情深厚的朋友之情。孔融和祢衡的忘年之交，不拘年龄、职业，代表着彼此推心置腹无话不谈的挚友之情。

学科竞赛给予你纯纯的团队友谊和师生情义，在这里，你会收获纯真的同学之情、战友之情；在这里，你会同导师成为推心置腹无话不谈的挚友；在这里，有时你甚至会收获爱情。

学科竞赛过程中，你们相互扶持、相互鼓励、相互探讨；学科竞赛中，你们一起熬夜、一起奋进；学科竞赛过程中，你们一起俯首哭一起仰天笑，一起品味个中的酸甜苦辣；这一切都将加固你们的友谊之情，升华你们彼此之间的感情。

当你一个人在困境的时候，当你一个人在迷茫的时候，当你一个人在心情低落的时候，友谊之情带给你们温暖、支持和力量。

人生道路上，有共同战斗过的朋友相互扶持和鼓励，人生将是一路坦途，奔跑吧，在坦途上……。

第3章

如何参加学科竞赛

3.1 特别关注

有想法感兴趣参加学科竞赛的同学要通过学校、学院、学长、老师、网络等渠道调查，特别关注和掌握以下信息：

1）学校竞赛目录及分类。不同学校的学科竞赛指导目录可能不同，参加学科竞赛前，可以先了解本校的学科竞赛指导目录，知道所参加的竞赛在本校所处的地位，或者根据自己的需要和兴趣，根据指导目录选择合适的竞赛。此过程中，建议以最新的指导目录为准，因为学校指导性的文件可能会隔几年进行修订，甚至每年修订。在此过程中，要掌握学科竞赛的要求，具体见第二篇。

以河北工业大学为例，2021年新修订后学校认可的大学生竞赛指导目录（A级）见表3-1，B级目录见表3-2，修订前的大学生竞赛指导目录（A级）见表3-3。

表 3-1　2021 年新修订后大学生竞赛指导目录（A 级）

序号	竞赛名称	序号	竞赛名称
1	"挑战杯"全国大学生课外学术科技作品竞赛	3	中国"互联网+"大学生创新创业大赛
2	"创青春"全国大学生创业大赛		

表 3-2　2021 年新修订后大学生竞赛指导目录（B 级）（有删减）

序号	竞赛名称	序号	竞赛名称
1	全国大学生数学建模竞赛	5	全国大学生电子商务"创新、创意及创业"挑战赛
2	全国大学生电子设计竞赛	6	iCAN 大学生创新创业大赛
3	全国大学生机械创新设计大赛	7	全国大学生智能汽车竞赛
4	全国大学生节能减排社会实践与科技竞赛	8	全国大学生工程实践与创新能力大赛

2）学校主管部门。关注学校主管学科竞赛的部门，可能是本科生院（教务处）、校团委、创新创业中心（创新创业学院）等，并关注主管学科竞赛部门的主页，及时关注相关消息。

3）学院主管部门和老师。关注学院主管部门和老师，对于学院，一般是学院学工办或团委组织、学院主管学生工作的副书记。学院发布消息一般是通过辅导员在相应的年级群里面向全体发布，需及时关注。

表 3-3　修订前的大学生竞赛 A 级目录-2017 年版

序号	竞赛名称	序号	竞赛名称
1	"挑战杯"全国大学生课外学术科技作品竞赛	7	"互联网+"大学生创新创业大赛
2	"创青春"全国大学生创业大赛	8	全国大学生可持续建筑设计竞赛
3	全国大学生数学建模竞赛	9	全国大学生电子设计竞赛
4	全国大学生机械创新设计大赛	10	全国大学生软件创新大赛
5	全国大学生节能减排社会实践与科技竞赛	11	全国大学生物联网创新创业大赛（原美新杯中国 MEMS 传感器应用大赛）
6	全国大学生电子商务创新、创意及创业挑战赛		

4）学校通知及时间节点。学校或学院通知上有明确的要求（包括成员数量、作品类别、创新性要求、评比方法等等）和时间节点，一定严格按照节点完成，以免失去良机。此外，无论任何事情的通知，当然，包括学科竞赛相关的学校和学院下发的通知，沉下心去认认真真地多读几遍是十分必要的，捋清楚里面的重要信息和要求，并加以深刻理解和体会，圈出并掌握重要的要求和信息。

3.2　没有调查就没有发言权

"没有调查就没有发言权"，我们要在科学的世界观和方法论的指导下，深入实际，努力全面地把握客观情况。对待学科竞赛，也是如此。

创新性、实用性的作品对学科竞赛尤为重要，如何获得创新性和实用性的科技作品？需要向市场要答案，一个优秀的作品一定要贴合实际，能够产生实际的用途，因此，要避免"闭门造车""脱离实际""凭空捏造"，要"走出去""请进来""用到位"，深入一线做好市场调研，多渠道获取各种信息和资料，并进行需求分析和功能分析。

例如，我们团队在参加"第八届（2018 年）全国大学生机械创新设计大赛"时，围绕大赛要求的两个主题"小型停车机械装置"和"小型采摘机械装置"采用调查问卷、电话交流、现场交流的方式进行了深入调研，团队成员进入多个社区，与居民交谈，此外，团队成员进入多个农场、果园与果农交流，详细了解他们的现状和需求。并将调研问卷进行需求分析，并开展功能分析，最后设计了科技作品，最终在全国总决赛中获得"全国一等奖"和"全国二等奖"各一项。

1）需求分析。包含用户需求与产品需求，用户需求是从用户角度出发，用户自身的需求，例如，对产品某个功能的期望；产品需求是提炼分析用户真实需求，并符合产品定位的解决方案（产品、功能或者服务）；需求分析就是从用户提出的需求出发，挖掘用户内心真正的目标，并转为产品需求的过程。因此，该阶段更多需要考虑的是如何把用户需求转为产品需求，需要的中间纽带是什么？

2）功能分析。19 世纪 40 年代，美国通用电气工程师迈尔斯首先提出功能的概念，认为顾客买的不是产品本身，而是产品的功能。功能是产品存在的目的，是产品设计中工作原理构思的关键。功能分析是指从系统抽象出来的"功能"角度来分析系统执行或完成其功能的状态。

3）市场调研。一般而言，市场调研需依次完成的步骤有：定义问题、确立调研目标、确定调研设计方案、确定信息的类型和来源、确定收集资料、设计调研问卷、确定抽样方案及样本容量、收集资料、分析资料、撰写调研报告。

3.3　不打无准备之仗

纵观古今，成功是留给有准备的人，许多人成功就是因为做好了充足的准备。参加学科竞赛前期需要做的准备有：

1）心宽一寸、收益三分。参加竞赛前要调整好自己的心态，始终保持一颗平常心，得之我幸失之泰然，要做好面对失败的心理准备，要有"失败也是我需要的，它和成功对我一样有价值"的认同，无论结果如何，不懊恼、不沉沦、不气馁，获奖不是唯一目的，真正参与进来、亲身体会里面的酸甜苦辣，真正学习到了知识、提高了本领才是最终目的。

2）众人拾柴火焰高。组建团队要有"雄赳赳、气昂昂"的气势，团队必须具备的五个基本要素：沟通、信任、慎重、换位、快乐。团队成员如能有多学科的背景（机械、控制、计算机等）或者各有一技之长固然好，同时，相同学科背景的团队成员也可以非常强大，因为技术本身就是一"纸老虎"，通过不同技术类别的学习和侧重也能弥补非多学科交叉团队的劣势，重要的是团队人员的努力和付出，但团队中需要有一位口才较佳善于答辩者。团队成员要踏实能干、肯付出肯吃苦，吃得苦中苦，方为人上人；要具有良好的团队合作意识，不争功不抢功；要容易相处、倾心交流；要目标长远、不宜短浅、不宜只为获奖；团队队长要身先士卒、全局协调、带领团队通力合作，众人拾柴火焰高，当队长其他事务繁忙、力不从心时，让出队长的位置会是明智的选择。对此，作者是最好的例证，研究生阶段主导"挑战杯"全国大学生课外学术科技作品竞赛，由于多方面的原因导致精力受限，过程中让出队长，甚至主要名次，事实上，最后的结果（全国一等奖）证明百利而无一害，既凝聚了团队力，也激励了团队的干劲。

3）拿来主义不可取。参赛作品是创新性乃至创造性的果实，不可生搬硬套、一味"拿来主义"。作品的创新性乃至创造性是作品好坏的关键，是作品的灵魂，是能否走出校门获得大奖的前提。然而，其一，何为创新性乃至创造性？本书第二篇给出了多例学科竞赛对创新性的理解和要求，供大家参阅。其二，创新性和创造性如何得来？本书第三篇第一章讲述了创意产生方法与过程，供大家参阅。当然，作品设计过程中的借鉴、领悟和学习也是需要的，此时，"拿来"之前要三思，要"运用脑髓，放出眼光"，要"取其精髓，去其糟粕"。

4）伯乐一顾马价十倍。团队组建完成，作品大致成熟或没有成熟之前，积极主动寻找可以提供指导和帮助的导师。导师可以参与作品讨论，评价作品的优缺点、可行性、创新性等，也可以提供更多的资源、信息、场所乃至资金，前提是导师需要有足够的时间并为之感兴趣。有学生在组建团队之前很早就加入了导师的课题组，这是十分正确的选择，如果获得导师支持，将为后续道路创造十分便利和优越的条件，当然，如果进入课题组前事先有约，以科研为着力点，须遵守诺言。纵观各类竞赛获得较好名次的，团队努力固然重要，导师的辛苦指导和宏观把握也尤为重要。

3.4　巧妇难为无米之炊

宋·陆游《老学庵笔记》卷三："晏景初尚书，请僧住院，僧辞以穷陋不可为。景初曰：'高才固易耳。'僧曰：'巧妇安能作无面汤饼乎？'"此寓意为：做事情缺少必要的素材，很难做成。

素材如何而来？素材来自平常的细心，来自于平常的思考，来自于日积月累。

我们应该做到：平时多观察、多思考、勤思考、深思考，因为思考可以无处不在，因为我思故我在。可以在公交车上思考、可以在地铁上思考、甚至可以边吃饭边思考、边走路边思考（在安全的前提下）、睡觉时思考（当然安全，思考伴我入梦乡）。对于这一点的理解和体悟，可以思考牛顿深思发现"万有引力"的故事，可以思考霍金深思提出众多预言的故事，可以思考爱因斯坦深思预言引力波的故事。

有了素材，大家可以来场"头脑风暴"，激发创意与灵感。创意来了，成功还会远吗？如何才能获得好的创意，详见第 12 章创意产生方法与过程。

3.5　站在巨人肩上

如果说我比别人看得更远，那是因为我站在了巨人的肩上。站在巨人肩上，一览众山小；站在巨人肩上，不畏浮云遮望眼。是的，站在巨人肩上，更容易看得更远，站在巨人肩上，更易获得成功。

1）"巨人"之文献检索：学会利用图书馆进行资料检索，重点检索相关领域的中文期刊、国家专利等，如有条件，检索英文文献更好，一来可以欣赏国外的思路，二来可以提高英文文献阅读能力。

2）"巨人"之网络搜索：掌握网络搜索的技巧，例如关键词组合搜索方法等，在知识的瀚海中捞出你所需要的那一针。

3）"巨人"之视频搜索：利用视频网站进行相关领域作品的视频检索，获取最直接的感性认识，以"动"刺激大脑，激发思维。

综合文献检索、网络搜索、视频搜索，理解并消化现有作品或技术的工作原理，特别是其不足和优缺点。综合不同的产品及原理，丰富大脑的知识储备，进行缜密的构思和方案设计。作品构思时，一定关注其创新性，乃至创造性，创新就是走别人没走过的路，可以站在巨人肩上进行学习吸收消化后再进行创造，但切记简单的复制不是创新。

3.6　态度决定一切

我时常对我的研究生、本科生讲述这么一个故事，抑或是游戏，供大家思考、体悟里面的精华和道理。

我们所知的英文字母共计 26 个，如果将英文字母与 1～26 个数字一一对应，请大家计算下面三个英文单词对应的数字。

知识：Knowledge；努力工作：Hard-work；态度：Attitude。

如果你投入这个到这个游戏中，肯定能获得如下的结果：

知识：Knowledge＝96；努力工作：Hard-work＝98；态度：Attitude＝100。

这个中的道理请仔细品味。

个人认为：如果你掌握很多的知识，助力你成功的概率只有 96%；而如果你努力工作，无论你聪明与否，无论你现在是否已经掌握知识，"努力工作"助力你成功的概率达 98%，因为只要努力了，知识对你而言都是"小菜一碟""不在话下"；如果你有端正的态度，它能助力你成功的概率将达 100%，言外之意，你将无所不成，因为态度决定你的行动，也决定了你会努力工作，最终获取知识，此时，"知识""努力工作"都将为你护航，成功概率自然增加。

这当然是一个故事，但其中的道理是值得我们深思，并为之改变行为、付出行动的。

上述个人的理解，与中国古话所表现出的哲理十分吻合。古人云："知识改变命运，态度决定一切！"，而不是"知识决定一切，态度改变命运"，此时，你应该能由衷地敬佩古人的智慧。

这个故事说明，我们对待任何事情，首先都应该有一个端正的态度，有了端正的态度，我们成功的概率就会增加很多，尽管不是百分百。我们对待学科竞赛也是如此，态度能够指导我们不刻意地努力付出，真心付出了，离成功还会远吗？

3.7　待之如"初恋"

牛顿与苹果的故事是科学史上的传奇故事，故事说：牛顿坐在苹果树下，苹果砸到了他头上。牛顿受启发，发现了万有引力定律。中学化学课或在某些面向少年儿童的科普读物中读到德国化学家凯库勒（1829~1896 年）在梦中发现苯环结构的故事，故事说：一天晚上，凯库勒乘坐马车回家，在车上昏昏欲睡。在半梦半醒之间，他看到碳链似乎活了起来，变成了一条蛇，在他眼前不断翻腾，突然咬住了自己的尾巴，形成了一个环……，凯库勒猛然惊醒，受到梦的启发，明白了苯分子原来是一个六角形环状结构。

故事真伪我们无需讨论，它们象征着科学探索精神，需要学习的是在问题解决之前，科学家们对待这些难题日思夜想的态度和付出。

因此，对待任何技术难题，对待任何事情需要有待之如"初恋"的热情，需要有朝思暮想的深情，只要你想着它，它就会想着你，最终的答案就会迷恋你。

学科竞赛也是如此。参加学科竞赛不一定是一蹴而就，有可能尝试了"千百次"，连学校都没有出去，抑或是，出去学校进入省赛没有获得理想的名次，然而，不要紧，对待学科竞赛要有"虐我千百遍，依旧如初恋"的态度，要有"坚持不懈、永不言弃"的执着，要有"愚公移山、矢志不渝"的精神。作者是最好的例证，大学本科围绕学科竞赛的艰辛付出（参加了好几个比赛，制作了多个作品），几乎没拿过像样的奖励，但研究生阶段仍在执着前行，终获"挑战杯"全国大学生课外学术科技作品竞赛全国一等奖，刷新学校记录。

第4章

课程的组织和实施

本章供开设该课程的教师参考。本课程是大学生综合能力和素质培养的重要抓手,几乎所有高校都组织、支持并鼓励大学生参加竞赛,然而基本上都是学生自愿组队自愿参加。按工程教育专业认证"全员达成"的理念,学科竞赛可以以课程的形式写入培养计划,适合大一第二学期或者大二第一学期开设,让所有的大学生参与。

4.1 课程基本情况

4.1.1 课程性质与任务

课程类型可以属于创新与专业拓展类,或相似课程类型,是机械工程类专业的一门创新与专业拓展类课程,主要介绍本专业相关的各类学科竞赛,使学生了解各类竞赛的相关要求、参与方法、思路来源,鼓励学生组队参与各类学科竞赛,重点培养学生的动手能力、建模能力、团队协助能力、创新能力等,提高学生综合素质。

4.1.2 课程教学目标

课程目标1:了解"挑战杯"全国大学生课外学术科技作品竞赛和创业计划大赛、全国大学生机械创新设计大赛、"创青春"全国大学生创业大赛、中国"互联网+"大学生创新创业大赛、全国大学生节能减排社会实践与科技竞赛、iCAN国际创新创业大赛等学科竞赛的基本要求、参与方法、科技文本的撰写方法等。

课程目标2:掌握三维建模软件的使用,提高学生三维建模能力、团队写作能力、科技文本撰写能力,提升学生创新思维、创新意识和创新能力。

课程目标对毕业要求的支撑见表4-1。

表4-1 课程目标对毕业要求的支撑关系

毕业要求	毕业要求指标点	课程目标
3. 设计/开发解决方案	3-1 能够综合运用本专业工程基础知识、专业知识、创新方法与工具,对机械产品设计、零部件设计、传动与控制系统设计、机械制造与工艺设计中的复杂工程问题进行方案设计	课程目标1、2
5. 使用现代工具	5-2 能够运用现代工程软件,对机械设计、制造及其自动化系统中的工程问题进行建模及表达。能够熟练运用工程绘图软件,表达机械产品、零部件的设计问题	课程目标2

（续）

毕业要求	毕业要求指标点	课程目标
9. 个人和团队	9-1 理解团队合作的重要性,具有在不同的位置上各尽所能、与其他成员协调合作的团队精神和能力,能够在团队合作中进行分工与协作,正确处理个人与团队的关系	课程目标 2
10. 沟通	10-1 能够规范地撰写技术报告和设计文稿,表达机械产品设计、制造过程及其自动化系统复杂工程问题的解决方案、过程和结果	课程目标 1

4.2　组织和实施模式

本课程的实施可以在培养计划中列出, 鉴于总学分的限制, 每个班级可以设置 16 学时 (1 学分) 的授课安排, 由于此门课程需任课教师投入较多的课余时间, 原则上, 上课时间不宜固定, 可以由老师自己决定。

本课程具体的组织和实施流程图如图 4-1 所示。

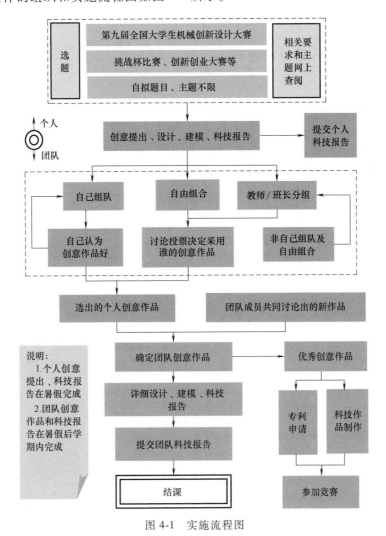

图 4-1　实施流程图

4.3 复杂工程问题与教学环节对应关系

工科专业本科层次的人才培养要定位在解决复杂工程问题，何为复杂工程问题？工程教育专业认证标准中给出复杂工程问题必须具备第（1）条特征，同时具备以下（2）~（7）的部分或者全部特征：（1）必须运用深入的工程原理，经过分析才能得到解决；（2）设计多方面的技术、工程和其他因素，并可能相互有一定冲突；（3）需要通过建立合适的抽象模型才能解决，在建模过程中需要体现出创造性；（4）不是仅靠常用方法就可以完全解决的；（5）问题中涉及的因素可能没有完全包含在专业工程实践的标准和规范中；（6）问题相关各方利益不完全一致；（7）具有较高的综合性，包含多个相互关联的子问题。

本课程可以满足复杂工程问题的特征见表4-2所示。

表4-2 复杂工程问题与教学环节对应关系

复杂工程问题特征	教学环节
特征1：必须运用深入的工程原理，经过分析才能得到解决	作品设计
特征3：需要通过建立合适的抽象模型才能解决，在建模中体现创造性	作品设计
特征7：具有较高的综合性，包含多个相互关联的子问题	作品设计

4.4 考核评价方法及要求

工程教育专业认证七大通用标准之一毕业要求涵盖了12项基本要求：工程知识、问题分析、设计/开发解决方案、研究、使用现代工具、工程于社会、环境和可持续发展、职业规范、个人于团队、沟通、项目管理、终身学习。

本课程为更好地支撑工程教育专业认证中的毕业要求，建议考核评价及要求见表4-3。

表4-3 建议考核评价及要求

考核环节	建议分值	考核/评价细则	对应课程目标
个人报告	30	（1）作品创新性：20分 （2）报告规范性：10分	1、2
团队报告	70	（1）作品新颖性、完整性、功能性：50分 （2）报告规范性：10分 （3）小组组员评分：10分	1、2
附加分	20	（1）申请发明专利：10分 （2）申请实用新型专利：5分 （3）作品获国家级奖励：一等奖10分、依次按低一级别减2分 （4）作品获省部级奖励：最高等级8分，依次按低一级别减2分 （5）作品获校级奖励：最高等级5分，依次按低一级别减2分 （6）获批大学生创新项目，国家级10分，省级6分，校级3分 注： （3）（4）（5）按最高级别给附加分 个人报告分、团队报告分、附加分总和超过100分时，记100分	2

第二篇　知己知彼、胜券在握（战略篇）

第5章

"挑战杯"全国大学生系列科技学术竞赛

"挑战杯"是"挑战杯"全国大学生系列科技学术竞赛的简称，是全国性的大学生课外学术实践竞赛，被誉为中国大学生科技创新创业的"奥林匹克"盛会，是目前国内大学生最关注、最热门的全国性竞赛，也是全国最具代表性、权威性、示范性、导向性的大学生竞赛，旨在鼓励大学生勇于创新、迎接挑战，培养跨世纪创新人才。本章内容主要来源于挑战杯竞赛官方网站，更详细的信息可以参见官网。

5.1 "挑战杯"系列介绍

"挑战杯"竞赛在中国共有两个并列项目，"挑战杯"全国大学生课外学术科技作品竞赛（简称"大挑"）和"挑战杯"中国大学生创业计划竞赛（简称"小挑"）。

（1）"挑战杯"全国大学生课外学术科技作品竞赛　"挑战杯"全国大学生课外学术科技作品竞赛（以下简称"'挑战杯'竞赛"）是由共青团中央、中国科协、教育部、全国学联和地方政府共同主办，国内著名大学、新闻媒体联合发起的一项具有导向性、示范性和群众性的全国竞赛活动。自1989年首届竞赛举办，"挑战杯"始终坚持"崇尚科学、追求真知、勤奋学习、锐意创新、迎接挑战"的宗旨，在促进青年创新人才成长、深化高校素质教育、推动经济社会发展等方面发挥了积极作用，在广大高校乃至社会上产生了广泛而良好的影响，被誉为当代大学生科技创新的"奥林匹克"盛会。

（2）"挑战杯"中国大学生创业计划竞赛　创业计划竞赛起源于美国，又称商业计划竞赛，是风靡全球高校的重要赛事。它借用风险投资的运作模式，要求参赛者组成优势互补的竞赛小组，提出一项具有市场前景的技术、产品或服务，并围绕这一技术、产品或服务，以获得风险投资为目的，完成一份完整、具体、深入的创业计划。

竞赛采取学校、省（自治区、直辖市）和全国三级赛制，分预赛、复赛、决赛三个赛段。

大力实施"科教兴国"战略，努力培养广大青年的创新创业意识，造就符合未来挑战要求的高素质人才，已经成为实现中华民族伟大复兴的时代要求。作为学生科技活动的新载体，创业计划竞赛在培养复合型、创新型人才，促进高校产学研结合，推动国内风险投资体系建立方面发挥出越来越积极的作用。

5.2 组织单位和时间

5.2.1 组织单位

组织单位为共青团中央、中国科协、教育部和全国学联。

5.2.2 举办时间

"大挑"奇数年举行，"小挑"偶数年举行，两个项目交叉轮流开展，每个项目每两年举办一届。

5.3 "大挑"相关信息

5.3.1 竞赛基本方式

高等学校在校学生申报自然科学类学术论文、哲学社会科学类社会调查报告和学术论文、科技发明制作三类作品参赛；自然科学类学术论文作者限本、专科生。哲学社会科学类社会调查报告和学术论文限定在哲学、经济、社会、法律、教育、管理6个学科。科技发明制作类分为A、B两类：A类指科技含量较高、制作投入较大的作品；B类指投入较少，且为生产技术或社会生活带来便利的小发明、小制作等。

5.3.2 奖励比例与等级

全国评审委员会对各省级组织协调委员会和发起高校报送的参赛作品进行预审，评出80%左右的参赛作品入围获奖作品，其中，入围作品中的40%获得三等奖，其余60%进入终审决赛。在终审决赛中评出特等奖、一等奖、二等奖，其余部分获得三等奖。参赛的自然科学类学术论文、哲学社会科学类社会调查报告和学术论文、科技发明制作三类作品各设特等奖、一等奖、二等奖、三等奖。各等次奖分别约占各类入围作品总数的3%、8%、24%和65%。本专科生、硕士研究生、博士研究生三个学历层次作者的作品获奖数与其入围作品数成正比。科技发明制作类中A类和B类作品分别按上述比例设奖。

5.3.3 参赛资格与作品申报

凡在举办竞赛终审决赛的当年7月1日以前正式注册的全日制非成人教育的各类高等院校在校专科生、本科生、硕士研究生和博士研究生（不含在职研究生）均可申报作品参赛。

申报参赛的作品必须是距竞赛终审决赛当年7月1日前两年内完成的学生课外学术科技或社会实践活动成果，可分为个人作品和集体作品。申报个人作品的，申报者必须承担申报作品60%以上的研究工作，作品鉴定证书、专利证书及发表的相关作品的署名均应为第一作者，合作者必须是学生且不得超过2人；凡作者超过3人的项目或者不超过3人、但无法区分第一作者的项目，均须申报集体作品，集体作品的作者必须均为学生。凡有合作者的个人作品或集体作品，均按学历最高的作者划分至本专科生、硕士研究生或博士研究生类进行评审。

毕业设计和课程设计（论文）、学位论文、国际竞赛中获奖的作品、获国家级奖励成果的作品（含本竞赛主办单位参与举办的其他全国性竞赛的获奖作品）等均不在申报范围之列。

5.3.4 时间安排

一般，全国组委会规定的时间节点如下，仅供参考，具体以通知时间为准。特别说明的是，校赛和省赛会依据下面的时间节点完成，具体的校赛和省赛时间节点和要求以高校和各省的通知为准。

（1）组织发动阶段（偶数年 11 月）　共青团中央、中国科协、教育部、全国学联和各省人民政府于奇数年 11 月下达《关于组织开展第××届"挑战杯"全国大学生课外学术科技作品竞赛的通知》。各参赛高校在校党委等部门的领导下，于奇数年 11 月底前成立由校团委等有关部门及学生会、研究生会共同参加的参赛协调小组，并确定本校参赛组织实施计划，在学生中开展宣传发动工作。

（2）省级初评和组织申报阶段（奇数年 3 月~6 月）　奇数年 4 月，各校按"挑战杯"章程有关规定举办本校的竞赛活动，并择优推出本校参赛作品。

奇数年 5 月底前，各省（区、市）组织协调委员会完成对本地申报作品的初评。

奇数年 6 月 10 日前，发起高校需将本校直报作品报送"挑战杯"竞赛全国组委会，寄出截止日期以当地邮戳为准。直报作品需一式四份，直接报送的作品不计入各省、区、市报送作品限额内。

奇数年 6 月 15 日前，各省（区、市）从各校申报作品中每校至多选出 6 件作品（其中，发起高校至多 3 件作品，各省、区、市选定作品总数不得超过全国组委会规定的限额）报送"挑战杯"竞赛全国组委会，寄送作品一式四份及《目录表》，寄出截止日期以当地邮戳为准。同时，各省级组织协调委员会组织本地参加终审决赛的学生在"挑战杯"竞赛官方网站（www.tiaozhanbei.net）上报送作品及申报书。

（3）全国复赛和参赛准备阶段（奇数年 7 月~10 月）　全国评审委员会于奇数年 7 月对作品进行预审，全国组委会于奇数年 8 月向有关高校下达终审参展通知及作品展览、演示等有关技术性规范要求，各地各校按照组委会要求，于奇数年 9 月上旬至 10 月做好参评参展的各项物资技术准备和组团组队准备。

（4）全国决赛和表彰阶段（奇数年 10 月）　全国评审委员会对参赛作品进行终审，对参展作品作者进行问辩。

5.4 "小挑"相关信息

5.4.1 竞赛基本方式

高等学校在校学生通过申报商业计划书参赛，有条件的团队可在此基础上进行商业运营实践。

5.4.2 奖励比例与等级

全国评审委员会对各省（区、市）报送的参赛作品进行复审，评出参赛作品总数的90%左右进入决赛。竞赛决赛设金奖、银奖、铜奖，各等次奖约占进入决赛作品总数的10%、20%和70%，各组参赛作品获奖比例原则上相同。全国评审委员会将在复赛、决赛阶段，针对已创业（甲类）与未创业（乙类）两类作品实行相同的评审规则，计算总分时，将视已创业作品的实际运营情况，在其实得总分基础上给予1%~5%的加分。

5.4.3 参赛资格与作品申报

凡在举办竞赛终审决赛的当年7月1日以前正式注册的全日制非成人教育的各类高等院校在校专科生、本科生、硕士研究生和博士研究生（均不含在职研究生）均可参赛。

参加竞赛作品分为已创业（甲类）与未创业（乙类）两类；分为农林、畜牧、食品及相关产业，生物医药、化工技术、环境科学、电子信息、材料、机械能源、服务咨询七组。分类、分组申报。

拥有或授权拥有产品或服务，并已在工商、民政等政府部门注册登记为企业、个体工商户、民办非企业单位等组织形式，且法人代表或经营者为符合规定的在校学生、运营时间在3个月以上（以预赛网络报备时间为截止日期）的项目，可申报已创业类（甲类）。

拥有或授权拥有产品或服务，具有核心团队，具备实施创业的基本条件，但尚未在工商、民政等政府部门注册登记或注册登记时间在3个月以下的项目，可申报未创业类（乙类）。

以学校为单位统一申报，以创业团队形式参赛，原则上每个团队人数不超过10人。对于跨校组队参赛的作品，各成员须事先协商明确作品的申报单位。

5.4.4 时间安排

以第八届"挑战杯"中国大学生创业计划竞赛为例（2012年举办）简述比赛的作品申报和时间安排，仅供参考，具体以通知时间为准。

作品网上申报时间为6月11日~6月15日，6月16日~6月19日为各省作品集中修改时间。6月11日后，参赛学生、参赛高校及省级组委会可登录竞赛官方网站，按提示进行网上申报操作。6月20日前，各省级组委会严格按照作品数额分配表的规定，通过特快专递的方式将纸质版申报表、商业计划书及《第八届"挑战杯"中国大学生创业计划竞赛参赛作品汇总表》（含纸质版及电子版）报送全国组委会办公室。

第6章

全国大学生机械创新设计大赛

本章内容主要来源于全国大学生机械创新设计大赛官方网站，更详细的信息可以参见官网（http：//umic.ckcest.cn/）。

6.1 大赛简介

全国大学生机械创新设计大赛是全国理工科重要课外竞赛活动之一，主要目的在于引导高等学校在教学中注重培养大学生的创新设计能力、综合设计能力与团队协作精神；加强学生动手能力的培养和工程实践的训练，提高学生针对实际需求进行创新思维、机械设计和制作等实际工作能力；吸引、鼓励广大学生踊跃参加课外科技活动，为优秀人才脱颖而出创造条件。

在全国高校大力开展创新创业教育的大背景下，全国大学生机械创新设计大赛以其"实物参赛、机电结合、系统训练、创新应用、科技创业"的突出特色，获得了全国高校机械类、近机类及工程类等专业广大师生热情赞誉和积极参与。机械创新设计大赛已成为国内最具影响力、培养学生工程实践能力和综合素质效果显著的大学生竞赛项目之一。

6.2 组织单位

全国大学生机械创新设计大赛组委会主办，全国机械原理教学研究会、全国机械设计教学研究会、金工研究会联合著名高校和社会力量共同承办。

6.3 举办时间

首届大赛于2004年举行，每两年举行一届，偶数年举行。

6.4 奖励与等级

全国决赛设立一等奖、二等奖两个奖级。一、二等奖的数量和比例由全国大赛主办方根据实际情况确定。

6.5 评审原则

全国大赛组委会将组织评审专家，根据各赛区统一上报的材料，分组进行"决赛初步评审"和"决赛现场评审"。初步评审确定参加全国决赛现场评审的作品名单和部分获奖作品名单。

评审委员依据评分标准，从作品创新性、实用性、设计合理性、推广应用价值、新的设计理论和方法的应用、产品制作工艺及成本等方面进行评分。每个作品的得分，由所在评审组评审委员给出的分数综合得出。

按照得分高低，确定作品的获奖等级。

参赛作品的评审采用综合评价，评价点有以下几个方面：

1）选题评价主要指标有：①新颖性；②实用性；③意义或前景。

2）设计评价主要指标有：①创新性；②结构合理性；③工艺性；④先进理论和智能技术的应用；⑤设计图样质量。

3）制作评价主要指标有：①功能实现；②制作水平与完整性；③作品性价比。

4）现场评价主要指标有：①介绍及演示；②答辩与质疑。

6.6 历届主题

全国大学生机械创新设计大赛类似命题作文，有自己的主题，所有参赛作品必须与大赛的主题和内容相符，与主题和内容不符的作品不能参赛。历届的大赛主题见表6-1。

表6-1 历届全国大学生机械创新大赛主题

届次	时 间	地 点	主 题	内 容
第九届	2020年	西南交通大学	智慧家居、幸福家庭	设计与制作用于：①帮助老年人独自活动起居的机械装置；②现代智能家居的机械装置"
第八届	2018年7月	浙江工业大学	关注民生、美好家园	1）解决城市小区中家庭用车停车难问题的小型停车机械装置的设计与制作；2）辅助人工采摘包括苹果、柑桔、草莓等10种水果的小型机械装置或工具的设计与制作
第七届	2016年7月	山东交通学院	服务社会——高效、便利、个性化	钱币的分类、清点、整理机械装置；不同材质、形状和尺寸商品的包装机械装置；商品载运及助力机械装
第六届	2014年7月	北京理工大学	幻·梦课堂	教室用设备和教具的设计与制作
第五届	2012年7月下旬	中国人民解放军第二炮兵工程学院	幸福生活——今天和明天	休闲娱乐机械和家庭用机械的设计和制作
第四届	2010年10月	东南大学	珍爱生命，奉献社会	在突发灾难中，用于救援、破障、逃生、避难的机械产品的设计与制作
第三届	2008年10月	武汉海军工程大学	绿色与环境	环保机械、环卫机械、厨卫机械三类机械产品的创新设计与制作
第二届	2006年10月	湖南大学	健康与爱心	助残机械、康复机械、健身机械、运动训练机械等四类机械产品的创新设计与制作
第一届	2004年9月	南昌大学	无固定主题	

6.7 参赛资格与作品申报

凡在全国决赛举办当年为正式注册的全日制各类高等院校专科生、本科生都可申报参赛。参赛者的身份由所在学校学籍管理部门负责审核确认。

申报参赛作品可以以个人或小组的形式申报，每件参赛作品的学生参与不得超过 5 人，指导教师不得超过 2 人。参赛作品必须是全国决赛举办之前两年内完成的大学生机械创新设计作品，不得将教师的科研成果或其他不具备参赛条件的他人的作品冒充学生的创新作品参赛。

参加全国决赛的参赛作品必须提交作品报名表、设计计算说明书等相关材料；参赛者必须提供参赛作品的实物样机或实物模型。

参赛队需提交完整的设计说明书并附主要设计图样（包括纸质、电子文档）。其中主要设计图样包括（A0 或 A1）总装配图、部件装配图和若干重要零件图。设计图样要求正确、规范。所有机械设计图样的国家标准要求和工艺设计要求均为图样质量评价的要素。

6.8 时间安排

大赛分为：学校选拔赛、各分赛区预赛和全国决赛三个阶段。选拔赛应确定出参加预赛的作品名单，预赛应确定出推荐参加决赛的作品名单。

以第九届全国大学生机械创新设计大赛（2020 年举行）为例说明全国组委会要求的重要时间节点，仅供参考，每届具体时间安排以通知时间为准。特别说明的是，校赛和省赛会依据下面的时间节点完成，具体的校赛和省赛时间节点和要求以自己高校和省份通知为准。

1）2019 年 3 月发布第九届全国大学生机械创新设计大赛主题与内容的通知。

2）各赛区应在 2020 年 5 月 10 日前完成预赛，2020 年 5 月 20 日前按有关通知要求报送预赛结果；各赛区务必在赛区预赛开幕日 20 天前将本赛区大赛组委会和评审委员会名单、预赛时间、报名作品数等信息报送全国组委会秘书处联系人。

3）全国组委会将于 2020 年 6 月上旬进行作品初评，并在 2020 年 6 月 15 日前公布参加全国决赛的作品名单。

4）全国决赛将于 2020 年 7 月中下旬在西南交通大学（地点：四川省成都市）举行，具体时间将在大赛第 2 号通知中明确。

5）有关第九届全国大学生机械创新设计大赛的进一步信息将陆续发文通知，并在全国大学生机械创新设计大赛官网（http://umic.ckcest.cn）发布。

6.9 慧鱼创新（创意）设计专项竞赛

全国大学生机械创新设计大赛设立慧鱼创新（创意）设计比赛的专项竞赛组（以下称慧鱼组）。参加慧鱼组比赛的作品应符合大赛的主题和内容，参赛队组成应满足"参赛条件"（同上）。在全国组委会的指导下，慧鱼组竞赛组委会负责组织慧鱼组的预赛工作，发布赛事通知，并承担参加竞赛的相关学校的赛前指导培训。参加慧鱼组的参赛队由所在学校汇总，由学校统一向慧鱼组竞赛组委会报名。

慧鱼组作品进入全国决赛的名额确定办法与各赛区机械创新设计作品进入全国决赛的办法基本相同。

第7章

"创青春"全国大学生创业大赛

7.1　大赛简介

　　为适应大学生创业发展的形势需要，在原有"挑战杯"中国大学生创业计划竞赛（"小挑"）的基础上，开展"创青春"全国大学生创业大赛。

　　大赛目的：引导和激励高校学生弘扬时代精神，把握时代脉搏，将所学知识与经济社会发展紧密结合，培养和提高创新、创意、创造、创业的意识和能力，促进高校学生就业、创业教育、创业实践活动的蓬勃开展，发现和培养一批具有创新思维和创业潜力的优秀人才，帮助更多高校学生通过创新创业的实际行动，推动大众创业、万众创新，为全面建成小康社会、建成社会主义现代化强国、实现中华民族伟大复兴的中国梦贡献青春力量。

7.2　组织单位

　　组织单位为共青团中央、教育部、人力资源社会保障部、中国科协、全国学联。

7.3　举办周期

　　自2014年起组织开展"创青春"全国大学生创业大赛，每两年举办一次。

7.4　竞赛基本方式

　　大学生创业大赛面向高等学校在校学生，以商业计划书评审、现场答辩等作为参赛项目的主要评价内容；创业实践挑战赛面向高等学校在校学生或毕业未满3年的高校毕业生，且已投入实际创业3个月以上，以盈利状况、发展前景等作为参赛项目的主要评价内容；公益创业赛面向高等学校在校学生，以创办非盈利性质社会组织的计划和实践等作为参赛项目的主要评价内容。全国组织委员会聘请专家评定出具备一定操作性、应用性以及良好市场潜力、社会价值和发展前景的优秀项目，给予奖励；组织参赛项目和成果的交流、展览、转让活动。

7.5 奖励与等级

全国评审委员会对各省（自治区、直辖市）报送的 3 项主体赛事的参赛项目进行复审，分别评出参赛项目的 90% 左右进入决赛。3 项主体赛事的奖项统一设置为金奖、银奖、铜奖，分别约占进入决赛项目总数的 10%、20% 和 70%。

其中，大学生创业计划竞赛实行分类、分组申报，针对已创业与未创业两类项目实行相同的评审规则，各组参赛项目获奖比例原则上相同；计算总分时，将视已创业项目实际运营情况，在其实得总分的基础上给予 1%~5% 的加分。创业实践挑战赛、公益创业赛 2 项主体赛事实行统一申报，决赛实行抽签分组，各组参赛项目获奖比例原则上相同。

7.6 参赛资格与作品申报

1）大学生创业计划竞赛。参加竞赛项目分为已创业与未创业两类；分为农林、畜牧、食品及相关产业，生物医药、化工技术和环境科学、信息技术和电子商务、材料、机械能源、文化创意和服务咨询 7 个组别，分类、分组申报。

2）创业实践挑战赛。拥有或授权拥有产品或服务，并已在工商、民政等政府部门注册登记为企业、个体工商户、民办非企业单位等组织形式，且法人代表或经营者符合规定、运营时间在 3 个月以上（以预赛网络报备时间为截止日期）的项目，可申报该赛事。申报不区分具体类别、组别。

3）公益创业赛。拥有较强的公益特征（有效解决社会问题，项目收益主要用于进一步扩大项目的范围、规模或水平）、创业特征（通过商业运作的方式，运用前期的少量资源撬动外界更广大的资源来解决社会问题，并形成可自身维持的商业模式）、实践特征（团队须实践其公益创业计划，形成可衡量的项目成果，部分或完全实现其计划的目标成果）的项目，且参赛学生符合相关规定，可申报该赛事。申报不区分具体类别、组别。

凡在举办大赛终审决赛的当年 7 月 1 日以前正式注册的全日制非成人教育的各类高等院校在校专科生、本科生、硕士研究生和博士研究生（均不含在职研究生）可参加全部 3 项主体赛事；毕业 3 年以内（时间截至举办大赛终审决赛的当年 7 月 1 日）的专科生、本科生、硕士研究生和博士研究生可代表原所在高校参加创业实践挑战赛（需提供毕业证证明，仅可代表最终学历颁发高校参赛）。以学校为单位统一申报，以创业团队形式参赛，原则上每个团队人数不超过 10 人。网络初评开始后，只可进行人员删减，不可进行人员顺序调整及人员添加。

7.7 重要时间节点

以 2018 年 "创青春" 全国大学生创业大赛为例说明重要时间节点（仅供参考，具体以当届通知时间为准）。特别说明的是，校赛和省赛会依据下面的时间节点完成，具体的校赛和省赛时间节点和要求以自己高校和省份通知为准。

大赛的 3 项主体赛事分预赛、复赛和决赛三个阶段进行。各阶段比赛具体事宜参见大赛官方网站通知。

1）2018年4月~5月，省（自治区、直辖市）针对各高校评审推报的作品，按照大赛下设的3项主体赛事，组织本地预赛或评审，并在大赛官方网站进行校级、省级参赛项目网络报备和申报。

其中，大学生创业计划竞赛实行项目分类申报，即分为已创业与未创业两类（具体标准另行通知）。各省（自治区、直辖市）在推报复赛项目时，两类项目的比例不作限制。评委会将在复赛、决赛阶段，针对两类项目实行相同的评审规则；计算总分时，将视已创业项目实际运营情况，在其实得总分基础上给予1%~5%的加分。

2）2018年6月8日前，各省（自治区、直辖市）汇总复赛项目，对项目申报表及相关材料的填写情况进行把关，按照统一要求，报送至组委会办公室（浙江大学团委），组委会不接受学校或个人的申报。

3）2018年7月~8月，举行全国大赛复赛。评委会对项目进行评审，选出若干优秀项目进入决赛，并书面通知各省（自治区、直辖市）及相关高校。

4）2018年11月，举行全国大赛决赛。评委会将通过相应评审环节，对3项主体赛事分别评出金奖、银奖、铜奖。

第8章

中国"互联网+"大学生创新创业大赛

本章内容主要来源于全国大学生创业服务网（https：//cy.ncss.org.cn）及教育部教育司官网（http：//www.moe.gov.cn），更详细的信息可以参见官网。

8.1　大赛介绍

旨在深化高等教育综合改革，激发大学生的创造力，培养造就"大众创业、万众创新"生力军；鼓励广大青年扎根中国大地了解国情民情，在创新创业中增长智慧才干，在艰苦奋斗中锤炼意志品质，把激昂的青春梦融入伟大的中国梦。

重在把大赛作为深化创新创业教育改革的重要抓手，引导各地、各高校主动服务国家战略和区域发展，积极开展教育教学改革探索，切实提高高校学生的创新精神、创业意识和创新创业能力。推动创新创业教育与思想政治教育紧密结合、与专业教育深度融合，促进学生全面发展，努力成为德才兼备的有为人才。推动赛事成果转化和产学研用紧密结合，促进"互联网+"新业态形成，服务经济高质量发展。以创新引领创业、以创业带动就业，努力形成高校毕业生更高质量创业就业的新局面。

8.2　组织单位

组织单位为教育部、中央统战部、中央网络安全和信息化委员会办公室、国家发展和改革委、工业和信息化部、人力资源社会保障部、农业农村部、中国科学院、中国工程院、国家知识产权局、国务院扶贫开发领导小组办公室、共青团中央。

8.3　举办周期

首次举办于2015年，每年一次。

8.4　比赛赛制

大赛采用校级初赛、省级复赛、全国总决赛三级赛制（不含萌芽版块）。校级初赛由各院校负责组织，省级复赛由各地负责组织，由各地按照大赛组委会确定的配额择优遴选推荐项目参加全国总决赛。大赛组委会将综合考虑各地报名团队数、参赛院校数和创新创业教育工作情况等因素分配全国总决赛名额。

8.5 总体安排

相比前三届，第四和第五届大赛活动和安排有较大的变化，总结如下：

1. 第五届（2019 年，浙江大学）

第五届大赛将举办"1+6"系列活动。"1"是主体赛事，包括高教主赛道、"青年红色筑梦之旅"赛道、职教赛道、国际赛道和萌芽版块。"6"是 6 项同期活动，包括"青年红色筑梦之旅"活动、大学生创客秀（大学生创新创业成果展）、大赛优秀项目对接巡展、对话 2049 未来科技系列活动、浙商文化体验活动、联合国教科文组织创业教育国际会议。

主体赛事共分五个赛道，与大学生相关的四个赛道具体如下：

1）高教主赛道。包含创意组、初创组、成长组、师生共创组。

2）青年红色筑梦之旅赛道。包含公益组、商业组。

3）职教赛道。包含创意组、创业组。

4）国际赛道。包含商业企业组、社会企业组、命题组。

高教主赛道类别有："互联网+"现代农业、"互联网+"制造业、"互联网+"信息技术服务、"互联网+"文化创意服务、"互联网+"社会服务。

2. 第四届（2018 年，厦门大学）

举办"1+5"系列活动。"1"是主体赛事，在校赛、省赛的基础上，举办全国总决赛（含金奖争夺赛、四强争夺赛和冠军争夺赛）。"5"是 5 项同期活动，具体包括：."青年红色筑梦之旅"活动、"21 世纪海上丝绸之路"系列活动、"大学生创客秀"（大学生创新创业成果展）、改革开放 40 年优秀企业家对话大学生创业者、大赛优秀项目对接巡展。

主题赛事组别有创意组、初创组、成长组、就业型创业组。

主题赛事类别为"互联网+"现代农业、"互联网+"制造业、"互联网+"信息技术服务、"互联网+"文化创意服务、"互联网+"社会服务、"互联网+"公益创业。

8.6 参赛项目类型

参赛项目要求能够将移动互联网、云计算、大数据、人工智能、物联网等新一代信息技术与经济社会各领域紧密结合，培育基于互联网的新产品、新服务、新业态、新模式；发挥互联网在促进产业升级以及信息化和工业化深度融合中的作用，促进制造业、农业、能源、环保等产业转型升级；发挥互联网在社会服务中的作用，创新网络化服务模式，促进互联网与教育、医疗、交通、金融、消费生活等的深度融合。

1. 第五届（2019 年，浙江大学）

主赛道规定的参赛项目主要包括以下类型：

1）"互联网+"现代农业，包括农林牧渔等。

2）"互联网+"制造业，包括先进制造、智能硬件、工业自动化、生物医药、节能环保、新材料、军工等。

3)"互联网+"信息技术服务,包括人工智能技术、物联网技术、网络空间安全技术、大数据、云计算、工具软件、社交网络、媒体门户、企业服务、下一代通信技术等。

4)"互联网+"文化创意服务,包括广播影视、设计服务、文化艺术、旅游休闲、艺术品交易、广告会展、动漫娱乐、体育竞技等。

5)"互联网+"社会服务,包括电子商务、消费生活、金融、财经法务、房产家居、高效物流、教育培训、医疗健康、交通、人力资源服务等。

参赛项目不只限于"互联网+"项目,鼓励各类创新创业项目参赛,根据行业背景选择相应类型。

2. 第四届(2018 年,厦门大学)

参赛项目主要包括以下类型:

1)"互联网+"现代农业,包括农林牧渔等。

2)"互联网+"制造业,包括智能硬件、先进制造、工业自动化、生物医药、节能环保、新材料、军工等。

3)"互联网+"信息技术服务,包括人工智能技术、物联网技术、网络空间安全技术、大数据、云计算、工具软件、社交网络、媒体门户、企业服务等。

4)"互联网+"文化创意服务,包括广播影视、设计服务、文化艺术、旅游休闲、艺术品交易、广告会展、动漫娱乐、体育竞技等。

5)"互联网+"社会服务,包括电子商务、消费生活、金融、财经法务、房产家居、高效物流、教育培训、医疗健康、交通、人力资源服务等。

6)"互联网+"公益创业,以社会价值为导向的非营利性创业。

参赛项目不只限于"互联网+"项目,鼓励各类创新创业项目参赛,根据行业背景选择相应类型。以上各类项目可自主选择参加"青年红色筑梦之旅"活动。

3. 第三届(2017 年,西安电子科技大学)

参赛项目主要包括以下类型:

1)"互联网+"现代农业,包括农林牧渔等。

2)"互联网+"制造业,包括智能硬件、先进制造、工业自动化、生物医药、节能环保、新材料、军工等。

3)"互联网+"信息技术服务,包括工具软件、社交网络、媒体门户、企业服务等。

4)"互联网+"文化创意服务,包括广播影视、设计服务、文化艺术、旅游休闲、艺术品交易、广告会展、动漫娱乐、体育竞技等。

5)"互联网+"商务服务,包括电子商务、消费生活、金融、财经法务、房产家居、高效物流等。

6)"互联网+"公共服务,包括教育培训、医疗健康、交通、人力资源服务等。

7)"互联网+"公益创业,以社会价值为导向的非营利性创业。

4. 第二届(2016 年,华中科技大学)

参赛项目要求能够将移动互联网、云计算、大数据、物联网等新一代信息技术与经济社会各领域紧密结合,培育基于互联网的新产品、新服务、新业态、新模式。发挥互联网在促进产业升级以及信息化和工业化深度融合中的作用,促进制造业、农业、能源、环保等产业转型升级。发挥互联网在社会服务中的作用，创新网络化服务模式，促进互联网与教育、医疗、交通、金融、消费生活等深度融合。参赛项目主要包括以下类型：

1）"互联网+"现代农业，包括农林牧渔等。

2）"互联网+"制造业，包括智能硬件、先进制造、工业自动化、生物医药、节能环保、新材料、军工等。

3）"互联网+"信息技术服务，包括工具软件、社交网络、媒体门户、数字娱乐、企业服务等。

4）"互联网+"商务服务，包括电子商务、消费生活、金融、旅游户外、房产家居、高效物流等。

5）"互联网+"公共服务，包括教育文化、医疗健康、交通、人力资源服务等。

6）"互联网+"公益创业，以社会价值为导向的非营利性创业。

5. 第一届（2015年，吉林大学）

参赛项目要求能够将移动互联网、云计算、大数据、物联网等新一代信息技术与行业、产业紧密结合，培育产生基于互联网的新产品、新服务、新业态、新模式，以及推动互联网与教育、医疗、社区等深度融合的公共服务创新。主要包括以下类型。

1）"互联网+"传统产业：新一代信息技术在传统产业（含第一二三产业）领域应用的创新创业项目。

2）"互联网+"新业态：基于互联网的新产品、新模式、新业态创新创业项目，优先鼓励人工智能产业、智能汽车、智能家居、可穿戴设备、互联网金融、线上线下互动的新兴消费、大规模个性定制等融合型新产品、新模式。

3）"互联网+"公共服务：互联网与教育、医疗、社区等结合的创新创业项目。

4）"互联网+"技术支撑平台：互联网、云计算、大数据、物联网等新一代信息技术创新创业项目。

8.7 奖励与等级

以第五届大赛为例，具体以当届大赛为准。

全国共产生1200个项目入围全国总决赛（港澳台地区参赛名额单列），其中高教主赛道600个、"青年红色筑梦之旅"赛道200个、职教赛道200个、萌芽版块200个。此外，国际赛道产生60个项目进入全国总决赛现场比赛。

高教主赛道设金奖50个、银奖100个、铜奖450个。另设港澳台项目金奖5个、银奖15个、铜奖另定；设最佳创意奖、最具商业价值奖、最具人气奖各1个。设高校集体奖20个、省市优秀组织奖10个（与职教赛道合并计算）和优秀创新创业导师若干。

"青年红色筑梦之旅"赛道设金奖15个、银奖45个、铜奖140个。设"乡村振兴奖""精准扶贫奖""网络影响力奖"等单项奖若干。设"青年红色筑梦之旅"高校集体奖20个、省市优秀组织奖8个和优秀创新创业导师若干。

职教赛道设金奖15个、银奖45个、铜奖140个。设院校集体奖20个、省市优秀组织奖10个（与高教主赛道合并计算），优秀创新创业导师若干。

萌芽版块设20个创新潜力奖和单项奖若干个。设萌芽版块集体奖20个，优秀创新创业导师若干。

国际赛道设金奖 15 个、银奖 45 个。设置组织、宣传奖，鼓励对参赛项目组织或宣传做出突出贡献的机构或个人。

8.8 参赛资格与作品申报

以第五届大赛为例，具体以当届大赛为准。

高教主赛道中，根据参赛项目所处的创业阶段、已获投资情况和项目特点，分为创意组、初创组、成长组、师生共创组。具体参赛条件如下：

（1）创意组 参赛项目具有较好的创意和较为成型的产品原型或服务模式，在 2019 年 5 月 31 日（以下时间均包含当日）前尚未完成工商登记注册，并符合以下条件：

1）参赛申报人须为团队负责人，须为普通高等学校在校生（可为本专科生、研究生，不含在职生）。

2）高校教师科技成果转化的参赛项目不能参加创意组（科技成果的完成人、所有人中有参赛申报人的除外）。

（2）初创组 参赛项目工商登记注册未满 3 年（2016 年 3 月 1 日后注册），且获机构或个人股权投资不超过 1 轮次，并符合以下条件：

1）参赛申报人须为初创企业法人代表，须为普通高等学校在校生（可为本专科生、研究生，不含在职生），或毕业 5 年以内的毕业生（2014 年之后毕业的本专科生、研究生，不含在职生）。企业法人代表在大赛通知发布之日后进行变更的不予认可。

2）初创组项目的股权结构中，参赛企业法人代表的股权不得少于 10%，参赛成员股权合计不得少于 1/3。

3）高校教师科技成果转化的项目可以参加初创组，允许将拥有科研成果的教师的股权与学生所持股权合并计算，合并计算的股权不得少于 51%（学生团队所持股权比例不得低于 26%）。

（3）成长组 参赛项目工商登记注册 3 年以上（2016 年 3 月 1 日前注册）；或工商登记注册未满 3 年（2016 年 3 月 1 日后注册），获机构或个人股权投资 2 轮次以上（含 2 轮次），并符合以下条件：

1）参赛申报人须为企业法人代表，须为普通高等学校在校生（可为本专科生、研究生，不含在职生），或毕业 5 年以内的毕业生（2014 年之后毕业的本专科生、研究生，不含在职生）。企业法人代表在大赛通知发布之日后进行变更的不予认可。

2）成长组项目的股权结构中，参赛企业法人代表的股权不得少于 10%，参赛成员股权合计不得少于 1/3。

3）高校教师科技成果转化项目可以参加成长组，允许将拥有科研成果的教师的股权与学生所持股权合并计算，合并计算的股权不得少于 51%（学生团队所持股权比例不得低于 26%）。

（4）师生共创组 高校教师持股比例大于学生持股比例的只能参加师生共创组，并符合以下条件：

1）参赛项目必须注册成立公司，且公司注册年限不超过 5 年（2014 年 3 月 1 日后注册），师生均可为公司法人代表。企业法人代表在大赛通知发布之日后进行变更的不予认可。

2）参赛申报人须为普通高等学校在校生（可为本专科生、研究生，不含在职生），或毕业5年以内的毕业生（2014年之后毕业的本专科生、研究生，不含在职生）。

3）参赛项目中的教师须为高校在编教师（2019年3月1日前正式入职）。参赛项目的股权结构中，师生股权合并计算不低于51%，且学生参赛成员合计股份不低于10%。

8.9 历届主题

所有参赛作品必须与大赛的主题和内容相符，与主题和内容不符的作品不能参赛。历届的大赛主题见表8-1。

表8-1 历届中国"互联网+"大学生创新创业大赛主题

届次	时间、地点	主　题	组　织　方
第五届	2019年 浙江大学	敢为人先放飞青春梦，勇立潮头建功新时代	教育部、中央统战部、中央网络安全和信息化委员会办公室、国家发展和改革委、工业和信息化部、人力资源社会保障部、农业农村部、中国科学院、中国工程院、国家知识产权局、国务院扶贫开发领导小组办公室、共青团中央和浙江省人民政府
第四届	2018年 厦门大学	勇立时代潮头敢闯会创，扎根中国大地书写人生华章	教育部等13个部委和福建省人民政府共同主办、厦门大学承办
第三届	2017年 西安电子科技大学	搏击"互联网+"新时代，壮大创新创业生力军	教育部、中央网络安全和信息化领导小组办公室、国家发展和改革委员会、工业和信息化部、人力资源和社会保障部、国家知识产权局、中国科学院、中国工程院、共青团中央和陕西省人民政府
第二届	2016年 华中科技大学承办	拥抱"互联网+"时代，共筑创新创业梦想	教育部、中央网络安全和信息化领导小组办公室、国家发展和改革委员会、工业和信息化部、人力资源和社会保障部、国家知识产权局、中国科学院、中国工程院、共青团中央和湖北省人民政府
第一届	2015年 吉林大学	"互联网+"成就梦想，创新创业开辟未来	教育部与有关部委和吉林省人民政府

8.10 时间安排

以第五届大赛为例说明重要时间节点（仅供参考，具体以当届通知时间为准），特别说明的是，校赛和省赛会依据下面的时间节点完成，具体的校赛和省赛时间节点和要求以自己高校和省份通知为准。

（1）参赛报名（2019年4~5月） 参赛团队通过登录"全国大学生创业服务网"（cy.ncss.cn）或微信公众号（名称为"全国大学生创业服务网"或"中国'互联网+'大学生创新创业大赛"）任一方式进行报名。报名系统开放时间为2019年4月5日，截止时间由各地根据复赛安排自行决定，但不得晚于8月15日。

（2）初赛复赛（2019年6~8月） 各地各院校登录cy.ncss.cn/gl/login进行大赛管理和

信息查看。省级管理用户使用大赛组委会统一分配的账号进行登录,校级账号由各省级管理用户进行管理。初赛复赛的比赛环节、评审方式等由各院校、各地自行决定。各地在8月31日前完成省级复赛,遴选参加全国总决赛的候选项目(推荐项目应有名次排序,供全国总决赛参考)。

(3)全国总决赛(2019年10月中下旬) 大赛专家委员会对入围全国总决赛项目进行网上评审,择优选拔项目进行现场比赛,决出金奖、银奖、铜奖。

第9章

全国大学生节能减排社会实践与科技竞赛

本章内容主要来源于全国大学生节能减排社会实践与科技竞赛官方网站（http：//www.jienengjianpai.org），更详细的信息可以参见官网。

9.1 大赛介绍

全国大学生节能减排社会实践与科技竞赛是由全国大学生节能减排社会实践与科技竞赛委员会主办的全国大学生学科竞赛。该竞赛充分体现了"节能减排、绿色能源"的主题，紧密围绕国家能源与环境政策，紧密结合国家重大需求，起点高、规模大、精品多、覆盖面广，是一项具有导向性、示范性和群众性的全国大学生竞赛，得到了各省教育厅、各高校的高度重视。全国大学生节能减排社会实践与科技竞赛主要是激发当代大学生的青春活力，创新实践能力，承办单位一般为上届表现突出院校。目前全国几乎所有 211 大学都积极参与其中。

9.2 组织单位

全国大学生节能减排社会实践与科技竞赛委员会主办，教育部高等学校能源动力类专业教学指导委员会指导，部分高校承办，赞助企业协办。

9.3 举办周期

每年举办一次。

9.4 奖励与等级

节能减排竞赛设立等级奖、单项奖和优秀组织奖三类奖项。等级奖设特等奖（可空缺）、一等奖、二等奖、三等奖和优秀奖。获奖比例由竞赛委员会根据参赛规模的实际情况确定。

9.5 参赛资格与作品申报

参赛队员应为在竞赛报名起始日前正式注册的全日制非成人教育的高等院校在校中国籍

专科生、本科生、研究生（不含在职研究生），申报参赛的作品以小组申报，每个小组不超过 7 人，指导教师不超过 2 名。

9.6　作品评审

要求紧扣竞赛主题，作品包括实物制作（含模型）、软件、设计和社会实践调研报告等，体现新思想、新原理、新方法以及新技术。

专家委员会根据作品的科学性、创新性、可行性和经济性等对作品进行初审和终审，并提出获奖名单。

9.7　重要时间节点

以第十二届全国大学生节能减排社会实践与科技竞赛（2019 年举行）为例说明重要时间节点，仅供参考，具体以每届通知时间为准。

（1）竞赛报名　参赛单位在 2019 年 4 月 15 日前将加盖学校公章的《高校报名表》邮寄给竞赛组委会（高校报名表见附件，报名时间以邮戳为准），同时将电子版发送到组委会联系邮箱。

（2）作品申报

1）电子版。各参赛高校将竞赛作品申报书于 2019 年 5 月 31 日 24∶00 前进行网上提交。

2）纸质版。以学校为单位，将所有参赛作品的纸质版（一式 2 份）于 2019 年 6 月 5 日前邮寄至竞赛组委会（以邮戳为准），另请一并寄送一张加盖学校公章的汇总表，务必将所有参赛作品进行排序。对于纸质版材料，科技作品设计说明书请附在科技作品类申报书后面一并装订，社会实践调查报告请附在社会实践类申报书后面一并装订，统一邮寄至竞赛组委会。

（3）作品初审　初定时间为 2019 年 6 月 6 日~6 月 16 日，大赛组委会组织专家在网上进行作品初评。

（4）专家会评　初定于 2019 年 6 月 21 日~23 日，举行专家会评，确定大赛三等奖和入围决赛作品名单。

（5）作品公示　通过会评的作品，设为期 10 天的公示期。

（6）终审、决赛　初定于 2019 年 8 月 7 日~10 日，在华北理工大学举办全国总决赛，即作品终审和决赛。

第10章

iCAN大学生创新创业大赛

10.1 大赛介绍

该比赛是为深入贯彻落实国家人才强国战略，为我国科技自立自强提供强大的人才支撑，给广大青年人才创造良好的创新创业生态环境而设立。iCAN 大学生创新创业大赛（原 iCAN 国际创新创业大赛，中国 MEMS 传感器应用大赛，以下简称"iCAN 大赛"）是一个无固定限制、鼓励原始创新的赛事。

10.2 组织单位

该比赛由中国信息协会主办，北京大学、山东大学为指导单位。

10.3 举办周期

始于 2007 年，每年举办一次。

10.4 奖励与等级

大赛采用校级初赛、分赛区复赛、全国总决赛三级赛制（不含创业赛道和挑战赛道）。校级初赛由各高校负责组织：分赛区复赛由各分赛区承办单位负责组织，具备条件的承办单位每年须向组委会提出申请：全国总决赛由各分赛区承办单位按照大赛组委会确定的配额择优速选、推荐项目。组委会根据各分赛区的实际报名情况，设定各分赛区晋级总决赛的配额。总决赛设一等奖、二等奖、三等奖、优秀指导教师奖、优秀组织单位奖等奖项，并授予相应证书。由全国总决赛评选出最优的团队，将推荐参加相应的国际比赛。

10.5 参赛资格与作品申报

舍国高等院校及科研院所的在校学生（含本科、专科、硕士研究生、博士研究生）或毕业 3 年内的学生，要求团队使用自主完成的创新项目注册公司，队长须为企业法定代表人，必须以团队形式参赛，每支队伍 2~5 名队员，可以跨赛区和学校组队，赛区以队长所在院校的地区为准，每人仅限报名一支团队，每个团队指导老师数量不超过 2 人。

参赛队伍制作出能实现基本功能的实物作品，并撰写详细的作品说明文档，比赛现场答辩所需的 PPT 文档等。

10.6　评审要求

1）评审委员会和组织委员会分开管理，都接受监督委员会的兼管。

2）分赛区评审团。由评审委员会的专家、分赛区推荐的当地企业负责人以及其他赛区的老师组成。

3）总决赛评审团。由评审委员会的专家、分赛区推荐的当地企业负责人以及社会人士组成，不允许大专院校的老师担任总决赛评委。

4）评委的甄选原则。由企业推荐和评审委员会主席团负责甄选评委。

10.7　评审规则

1）评审采取分赛区选拔和总决赛的递进式评审形式。

2）比赛以应用创新为主要考察目标和评审原则，在现场评审和网上匿名评审环节均按照 100 分进行评审，即每支队伍的作品按照以下原则进行打分。

① 产品介绍（20 分）。答辩表述清晰、突出产品特点、形式易于大众接受。

② 创新性（30 分）。作品设计思路新颖、视角独特、有一定的实用价值。

③ 实用性（30 分）。作品面对的对象明确、有市场前景。

④ 技术方案（20 分）。实现方案简单明确、具有一定的技术含量。

10.8　重要时间节点

以第十三届 iCAN 国际创新创业大赛（2019 年举行）为例说明重要时间节点，仅供参考，具体以当届通知时间为准。

（1）参赛报名、作品制作（4~7 月份）　所有参赛团队统一通过大赛官网报名，报名系统开放时间为 2019 年 4 月 1 日至 7 月 31 日，4 月发布大赛通知，各参赛高校组织赛事报名及培训工作，4~6 月进行全国赛事推广，包括校园行、交流培训活动，对大赛理念、赛程安排进行宣传，7~9 月份召开新闻发布会，对外发布赛事合作伙伴、总决赛安排。

（2）校内初赛（6~7 月份）　各参赛高校根据报名数量自行决定举办校内赛，组委会进行指导，选拔优秀项目晋级省赛。

（3）分赛区复赛（8~9 月份）　根据申报确定的分赛区名单，各分赛区承办单位需在 9 月 31 日前完成分赛区比赛，各分赛区自行设置一二三等奖，根据全国组委会确定的分赛区晋级名额，遴选优秀项目参加全国总决赛。

（4）全国总决赛（10 中下旬）　大赛评审委员会对分赛区选拔的项目进行初选评审，

择优选拔 500 个项目入围总决赛进行现场比赛，评选出一二三等奖，并进行颁奖。在总决赛比赛期间同时举办开闭幕式及相应论坛活动，组织学生创新作品展示、人才招聘及投融资路演。

10.9　参赛项目分类

以第十三届 iCAN 国际创新创业大赛（2019 年举行）为例进行说明，仅供参考，具体以当届通知为准。

1）人工智能。包括各类机器人、智能装备、设施和服务。

2）智慧家庭。包括让家庭生活变得智能和便捷的设备和服务。

3）智慧农业。包括用于农牧渔等领域的传感检测和智慧服务。

4）智慧社区。包括用于社区、校园、商场等环境的设施和服务。

5）智慧医疗。包括用于医疗、健康、看护等领域的设施和服务。

6）智能穿戴。包括用于人或者动物的各类可穿戴设备和服务。

7）智能交通。包括用于交通的智能车、飞行器、道路桥梁等。

8）智能教育。包括用于教育的各种教具、设计、设备和服务。

9）智能制造。包括智能硬件、先进制造、材料和节能环保等。

10）文化创意。包括广播影视、设计服务、文化艺术、动漫娱乐、体育竞技等。

第11章

其他主要相关学科竞赛

本章内容主要来源于相对应的官网，更详细的信息可以参见官网。

11.1 全国大学生电子商务"创新、创意及创业"挑战赛

根据教育部、财政部（教高函〔2010〕13号）文件精神，全国大学生电子商务"创新、创意及创业"挑战赛（以下简称"三创赛"）是激发大学生兴趣与潜能，培养大学生创新意识、创意思维、创业能力以及团队协同实战精神的学科性竞赛。"三创赛"为高等学校落实教育部、财政部《关于实施高等学校本科教学质量与教学改革工程的意见》、开展创新教育和实践教学改革、加强产学研之间联系起到积极示范作用。

从第十届"三创赛"开始，大赛主办单位由教育部高等学校电子商务类专业教学指导委员会转变为全国电子商务产教融合创新联盟和西安交通大学，竞赛分为校赛、省赛和全国总决赛三级赛事。

从2009年至2018年，"三创赛"总决赛在杭州、西安、成都、武汉等地举办，参赛团队从第一届的1500多支，第二届的3800多支，第三届的4900多支，第四届的6300多支，第五届的14000多支，第六届的16000多支，第七届的20000多支，以及第八届的40000多支团队，第十二届有130000支队伍参赛，影响力越来越强，规模越来越大。

11.2 全国大学生数学建模竞赛

全国大学生数学建模竞赛（以下简称竞赛）是中国工业与应用数学学会主办的面向全国大学生的群众性科技活动，旨在激励学生学习数学的积极性，提高学生建立数学模型和运用计算机技术解决实际问题的综合能力，鼓励广大学生踊跃参加课外科技活动，开拓知识面，培养创造精神及合作意识，推动大学数学教学体系、教学内容和方法的改革。

竞赛每年举办一次，全国统一竞赛题目，采取通信竞赛方式。大学生以队为单位参赛，每队不超过3人（须属于同一所学校），专业不限。竞赛分本科、专科两组进行，本科生参加本科组竞赛，专科生参加专科组竞赛（也可参加本科组竞赛），研究生不得参加。每队最多可设一名指导教师或教师组，从事赛前辅导和参赛的组织工作，但在竞赛期间不得进行指导或参与讨论。竞赛期间参赛队员可以使用各种图书资料（包括互联网上的公开资料）、计

算机和软件，但每个参赛队必须独立完成赛题解答。竞赛开始后，赛题将公布在指定的网址供参赛队下载，参赛队在规定时间内完成答卷，并按要求准时交卷。

11.3　全国大学生工程实践与创新能力大赛

全国大学生工程实践与创新能力大赛（现名：全国大学生工程训练综合能力竞赛）是教育部财政部开展的"本科教学质量与教学改革工程"资助竞赛之一，是基于国内各普通高等学校综合性工程训练教学平台，面向全国在校本科生开展的科技创新工程实践活动。

全国大学生工程实践与创新能力大赛以"重在实践，鼓励创新"为指导思想，旨在加强大学生工程实践能力、创新意识和合作精神的培养，激发大学生进行科学研究与探索的兴趣，挖掘大学生的创新潜能与智慧，为优秀人才脱颖而出创造良好的条件；推动高等教育人才培养模式和实践教学的改革，不断提高人才培养的质量。通过竞赛活动加强教育与产业、学校与社会、学习与创业之间的联系。

全国大学生工程实践与创新能力大赛实行校、省（直辖市、自治区）、全国三级竞赛制度，以校级竞赛为基础，逐级选拔进入上一级竞赛。全国竞赛设特等、一、二、三等奖及优秀奖、优秀组织奖、优秀指导教师奖。每届全国竞赛设特等奖一项，此奖项可以空缺；其余奖项的数量和比例由全国竞赛组委会根据每届竞赛实际情况确定，并在赛前公布。

11.4　全国大学生电子设计竞赛

全国大学生电子设计竞赛是教育部高教司、工业和信息化部人教司共同主办的全国性大学生科技竞赛活动，是面向大学生的群众性科技活动，目的在于推动高等学校促进信息与电子类学科课程体系和课程内容的改革，有助于高等学校实施素质教育，培养大学生的实践创新意识与基本能力、团队协作的人文精神和理论联系实际的学风；有助于学生工程实践素质的培养、提高学生针对实际问题进行电子设计制作的能力；有助于吸引、鼓励广大青年学生踊跃参加课外科技活动，为优秀人才的脱颖而出创造条件。本赛事是教育部倡导的大学生科技 A 类竞赛之一，中国高等教育学会将其列为所有学科中 19 个含金量最高的大学生学科竞赛之一。

每支参赛队由三名学生组成，具有正式学籍的全日制在校本、专科生均有资格报名参赛。

全国大学生电子设计竞赛从 1997 年开始每 2 年举办一届，竞赛时间定于竞赛举办年度的 9 月份，赛期 4 天。全国大学生电子设计竞赛每逢单数年的 9 月份举办，赛期 4 天 3 夜（具体日期届时通知）。在双数的非竞赛年份，根据实际需要由全国竞赛组委会和有关赛区组织开展全国的专题性竞赛，同时积极鼓励各赛区和学校根据自身条件适时组织开展赛区和学校一级的大学生电子设计竞赛。

11.5　全国大学生智能汽车竞赛

全国大学生智能汽车竞赛是以智能汽车为研究对象的创意性科技竞赛，是面向全国大学生的一种具有探索性工程实践活动，是教育部倡导的大学生科技竞赛之一。以"立足培养，重在参与，鼓励探索，追求卓越"为指导思想，旨在促进高等学校素质教育，培养大学生的综合知识运用能力、基本工程实践能力和创新意识，激发大学生从事科学研究与探索的兴趣和潜能，为优秀人才的脱颖而出创造条件。

本竞赛以竞速赛为基本竞赛形式，辅助以创意赛和技术方案赛等多种形式。竞速赛以统一规范的标准软硬件为技术平台，制作一部能够自主识别道路的模型汽车，按照规定路线行进，并符合预先公布的其他规则，以完成时间最短者为优胜。创意赛是在统一限定的基础平台上，充分发挥参赛队伍想象力，以创意任务为目标，完成研制作品。竞赛评判由专家组、现场观众等综合评定。技术方案赛是以学术为基准，通过现场方案交流、专家质疑评判以及现场参赛队员和专家投票等互动形式，针对参赛队伍的优秀技术方案进行评选，其目标是提高参赛队员创新能力，鼓励队员之间相互学习交流。

本竞赛包括理论设计、实际制作、整车调试、现场比赛等环节，要求学生组成团队，协同工作，初步体会一个工程性的研究开发项目从设计到实现的全过程。竞赛融科学性、趣味性和观赏性为一体，是以迅猛发展、前景广阔的汽车电子为背景，涵盖自动控制、模式识别、传感技术、电子、电气、计算机、机械与汽车等多学科专业的创意性比赛。本竞赛规则透明，评价标准客观，坚持公开、公平、公正的原则，保证竞赛向健康、普及、持续的方向发展。

全国大学生智能汽车竞赛的分/省赛区预赛和全国总决赛一般安排在每年暑假期间，同时积极鼓励各学校根据自身条件适时开展校内的大学生智能汽车竞赛。

11.6　全国大学生交通运输科技大赛

全国大学生交通运输科技大赛是在教育部高等学校交通运输类教学指导委员会支持下，由中国交通教育研究会主办的全国性大学生科技竞赛。以交通运输科学技术问题为载体，培养大学生科学精神和科学素养、发现和解决问题的能力及团队协作精神，促进大学生学术活动开展，加强大学生科技文化交流，促进交通科学和技术的发展。

参赛作品选题可为交通运输规划、设计、管理、控制及服务类作品或学术研究成果，并符合大赛主题。

第三篇　各个突破、步步为赢（战术篇）

第12章

创意产生方法与过程

好的创意除具备必须的基础知识和专业知识、不断进取与追求的精神、合理的创新思维方式（突破传统定式）、善于捕捉瞬间的灵感（创新的必备条件）外，还需要掌握一定的创新技法。本章从创意产生方法和过程入手，主要介绍一些常见的创新技法。

12.1　发现与发明

发现是指原本早已存在的事物，经过不断努力和探索后被人们认知的具体结果。

发明是指人们提出或完成原本不存在的、经过不断努力和探索后提出的或完成的具体结果。

如果没有发现，便不会有人类的发明。人类的每项发明都是建立在发明者对某种特定自然规律发现性认识的基础之上。发现可以分为自发性发现与自觉性发现。前者是人类对自然规律现象外在性的首次感性认识，后者即通常所说的科学发现，是人类对自然规律内在性的首次理性认识。对于理性的科学发现，发明起着极其重要的决定性作用，科学发展史也同样证明发明为发现之母。从这个意义上说，发现与发现是互相促进、互相发展、紧密联系的两种过程。发现引发新的发明，发明同时导致新的科学发现。发明是科学发现的基础。

12.2　创意、创造与创新

1）创意（Idea）。没有通用的标准定义，在不同领域有不同的理解，学者们对创意的认识不同，所作的定义也各不相同。虽然学术意义上统一的"创意"概念尚未定义，但通俗意义上对"创意"的理解有一定的共识：创造具有新颖性和独创性的设想或方案。一个好的创意具备的特点：新奇、简单、实用、与众不同、使人眼前一亮、令人久久难忘。创意是创造和创新的基础。

2）创造（Creativity）。就是发现尚未被认识的事物，创造出不存在的新事物或者对已有成果进行创新。可以将创造理解为一个过程或者一种结果，分为发现、发明和发展三种类型。

3）创新（Innovation）。提出或完成具有独特性、新颖性和实用性的理论或产品的过程。广义的创新包括理论创新、体制创新、机制创新、科技创新和其他创新等，狭义的创新是指技术创新，包括新产品和新工艺，以及产品和工艺的显著技术变动。

一个创意或概念虽然有趣，但它还不是一个发明，更不是创新，它还停留在概念和思想层面。将好的、有潜力的创意和概念转化为有形产物的过程就是发明。在这个过程中，科学和技术通常发挥巨大的作用，这个阶段也需要许多人的艰苦工作，把发明转化为能提高公司业绩的产品。后续活动还包括一系列的生产制造和市场开发，只有这个完整的过程才能成为创新。因此，保罗·特罗特认为："创新依赖发明（和创意），而发明需要被运用到商业活动上才能为一个组织的成长做出贡献。"

创造的意思是原来没有的，通过创造，产生出新的东西，可称为"无中生有"；而创新则是指对现有的东西进行变革，使其更新，成为新的东西，可称为"有中生新"。创造与创新的联系在于，创造最重要的表征是创新，即创造概念包含创新。既然创造具备了新颖、独特的属性，那么，表征创造核心价值的创新，就更应该表现出"首创"和"前所未有"的特点，这是不言而喻的。与创造的词源不同，创新是一个外来词，创新的含义有两点：引入新的概念、新东西（由无到有的创新）和革新（由有到新的创新），即"革故鼎新"（前所未有）与"此入"（并非前所未有）都属于创新。

创新与发明常交织在一起，因此，很多人把两者混为一谈，但创新与发明有着根本的区别。有些创新根本不包含发明。即使某个具体的创新与发明有关，创新也不仅仅指发明。

12.3　创新意识、创新思维和创新能力

1）创新意识。人们对创新与创新的价值性、重要性的一种认识水平、认识程度以及由此形成的对待创新的态度，并以这种态度来规范和调整自己的活动方向的一种稳定的精神态势。

2）创新思维。以新颖独创的方法解决问题的思维过程，通过这种思维能突破常规思维的界限，以超常规甚至反常规的方法、视角去思考问题，提出与众不同的解决方案，从而产生新颖的、独到的、有社会意义的思维成果。创新思维的本质在于用新的角度、新的思考方法来解决现有的问题。

3）创新能力。技术和各种实践活动领域中不断提供具有经济价值、社会价值、生态价值的新思想、新理论、新方法和新发明的能力，是经济竞争的核心；当今社会的竞争，与其说是人才的竞争，不如说是人的创造力的竞争。

12.4　典型创新思维

美国哈佛大学第26任校长陆登庭（Neil L. Rudenstine）曾经说过"一个成功者和一个失败者的差别并不在于知识和经验，而在于思维方式"。创新就是要改变我们传统的思维方式，实现思维的创新。

创新思维有很多表现形式：

（1）抽象思维　又称逻辑思维，是认识过程中用反映事物共同属性和本质属性的概念作为基本思维形式，在概念的基础上进行判断、推理，反映现实的一种思维方式。

（2）形象思维　形象思维是用直观形象和表象解决问题的思维，其特点是具体形象性。

（3）直觉思维 直觉思维是指对一个问题未经逐步分析，仅依据内因的感知迅速对问题答案作出判断、猜想、设想，或者在对疑难百思不得其解之中，突然对问题有"灵感"和"顿悟"，甚至对未来事物的结果有"预感"或"预言"等。

（4）灵感思维 灵感思维是指凭借直觉而进行的快速、顿悟性的思维。它不是一种简单逻辑或非逻辑的单向思维运动，而是逻辑性与非逻辑性相统一的理性思维整体过程。

（5）发散思维 发散思维是指从一个目标出发，沿着各种不同的途径去思考、探求多种答案的思维。

（6）收敛思维 收敛思维是指在解决问题的过程中，尽可能利用已有的知识和经验，把众多的信息和解题的可能性逐步引导到条理化的逻辑序列中，最终得出一个合乎逻辑规范的结论。

（7）分合思维 分合思维是一种把思考对象在思想中加以分解或合并，然后获得一种新的思维产物的思维方式。

（8）逆向思维 逆向思维是对司空见惯的似乎已成定论的事物或观点反过来思考的一种思维方式。

（9）联想思维 联想思维是指人脑记忆表象系统中，由于某种诱因导致不同表象之间发生联系的一种没有固定思维方向的自由思维活动。

正确认识和培养创新思维，有助于我们的创新实践，创新思维的研究成果很多，分类方法也不尽相同，本节主要介绍创新思维中最常用的发散思维和收敛思维。

12.5 影响创意产生的心理问题

从心理学的角度看，创意的产生需要知识、动机和人格等心理资源的必要前提准备，发挥这些心理资源的作用，把它们运用到产生创意的各个心理过程之中，创新创业中的很多问题将会迎刃而解。但是，要具备良好的心理资源并且能够控制好心理过程的每个环节并不容易，一些心理问题会影响人们产生创意，如心理定势（简称为定势）、从众心理、浮躁心理、自卑心理和嫉妒心理。

12.5.1 心理定势

心理定势，又称心向，是指某人对某一对象心理活动的倾向，是接受者接受前的精神和心理准备状态，这种状态决定了后继心理活动的方向和进程，即根据过去的知识和经验积累，逐渐形成一种判断事物、解决问题的思维习惯和固定倾向。生物学家用跳蚤做过一个有趣的实验。首先，生物学家把跳蚤放在桌上，一拍桌子，跳蚤迅即跳起，跳起高度均超过其身高的100倍。其次，科学家在跳蚤头上罩上一个玻璃罩，让跳蚤在罩子里面跳，可想而知因为有了玻璃罩，连续多次碰罩之后，跳蚤适应了环境，每次跳跃总保持在罩顶以下高度。接下来生物学家逐渐改变玻璃罩的高度，在每次碰壁后，主动改变自己的高度。最后，科学家用了一个接近桌面高度的玻璃罩，这时跳蚤已无法再跳起来了，只能爬行。即使科学家把玻璃罩打开，再拍桌子，跳蚤仍然不会跳，变成"爬蚤"了。跳蚤变成"爬蚤"，并非是它失去了跳跃的能力，而是由于一次次受挫失去了跳跃的信念，认为自己没有能力去跳跃，即使实际上的玻璃罩已经不复存在，它也没有"再试一次"的勇气。因为玻璃罩已经存在于他的潜意识里，罩在了它的思想上，行动的欲望与潜能都被扼杀了。

心理定势的一个显著特征是墨守成规，只凭过去的经验和体会来观察、评价、处理问题，把一切具有独创性的认识评价和方法视为有悖常理，缺乏求新的激情和见解，思路狭窄。创新也是一个探究的过程，这个过程实际上是靠批判和质疑来支撑的，它要求创新者具有大无畏的勇气，既不受传统观念的束缚，也不迷信专家们的定论。在创新创业的过程中要注意心理定势在心理上的影响。

12.5.2 从众心理

从众心理指个人受到外界人群行为的影响，在自己的知觉、判断、认识上表现出符合于公众舆论或多数人行为方式的一种心理现象。美国心理学家所罗门·阿希（Solomon E. Asch，1907～1996年）通过"线段实验"（1955～1956年）来进行从众心理研究，结果表明，从众心理是一种大众心理，是人们趋利避害的一种本能。易从众的人一般不会有大的作为，这是因为从众使人依赖性强，缺乏独立性与自信心，独立思考能力减弱，而创新是要冒风险的，是要直面挫折和失败的，甚至是被批评指责、误解打压，如物理学家福尔顿，由于研究工作的需要，测量出固体氦的热传导度。他运用的是新的测量方法，测出的结果比按传统理论计算的数字高出 500 倍。福尔顿感到这个差距太大了，如果公布了它，难免会被人视为标新立异、哗众取宠，所以他就没有声张。没过多久，美国的一位年轻科学家，在实验过程中也测出了固体氦的热传导度，测出的结果同福尔顿测出的完全一样。这位年轻科学家公布了自己的测量结果，很快在科技界引起了广泛关注，福尔顿听说后追悔莫及。所以说，要创新就必须克服从众心理。

12.5.3 浮躁心理

浮躁心理是指做任何事情都没有恒心，见异思迁，喜欢投机取巧，讲究急功近利，强调短、平、快，主张立竿见影，不能安稳工作。创新不仅需要激情、灵感和想象力，更需要扎实丰厚的基础知识、丰富的经验积累和脚踏实地的实践活动。浮躁心理在本质上是排斥创新所必需的勤奋、实干和积累的。牛顿之所以能从苹果落地的现象中顿悟到万有引力定律，是其对力学研究付出巨大心血的结果。王选教授说得好：一个人的成就动机主要并不来源于金钱和荣誉，而在于对其所从事工作的价值追求，也来源于这项工作难度的巨大吸引力。这就充分告诉我们，实现创新目标并取得成功，必须拥有锲而不舍的精神和百折不挠的努力。创新是一个艰辛的过程，来不得半点浮躁和懈怠。

12.5.4 自卑心理

心理学上，自卑是一个人对自己的能力、品质等做出偏低的评价，总觉得自己不如人、悲观失望、丧失信心等。自卑是一种消极的心理状态，是实现理想或某种愿望的巨大心理障碍。如没有坚定的自信心，就不可能有百折不挠的勇气、坚忍不拔的毅力和锲而不舍的行动，就有可能向传统的习惯势力妥协，向约定俗成缴械，向大众趋势附和。创新道路是一条艰辛、曲折、漫长的道路，没有自信自强是很难跨越这些重重障碍取得最终成功的。英国贝弗里奇说："几乎所有有成就的科学家都具有百折不挠的精神，因为凡是有价值的成就，在面对各种挫折的时候，都需要毅力和勇气。"实际上，创新的失败是大大多于成功的，人们熟知世界知名的创新者大都具有坚持不懈的顽强毅力，尽管在他们成功之前经历过多次的失败，但是他们没有悲观失望，失去信心和机会。

12.5.5 嫉妒心理

嫉妒心理是指人们为竞争一定的权益，对相应的幸运者或潜在的幸运者怀有的一种冷漠、贬低、排斥，甚至是敌视的心理状态。这种状态无论对创新动机、创新热情、创新行动，还是对自己、对别人都有不利的影响。嫉妒心理往往为创新活动的集体合作带来了困难，破坏团队的心理协调，造成人际关系紧张，降低团队的创新效率，削弱团队的创新力量，尤其是在当今分工明确、协作紧密的社会条件下，团队精神已经成为调整个人与集体利益关系所应遵循的基本准则，也是评价和衡量人们行为是非的一项重要指标。只有树立强烈的团队精神，才能使自己与他人、与集体和谐相处，相互支持和关照，共同享受资源，使团队保持轻松愉快的心境，互相激发创新思维，推动团队创新活动的顺利进行。

12.6 创意产生的一般过程

创意产生过程本质上是用户面临问题时的解决过程。创意产生过程更包含了大量的辩证思维活动，创新创业者需要自己来明确问题，创建问题表征，权衡问题的不同方面，设计不同的解决方案，并对各种方案进行比较和衡量。创意产生的一般过程如图 12-1 所示。

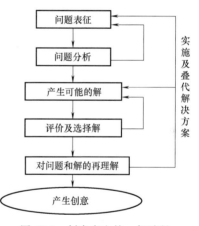

图 12-1 创意产生的一般过程

1）问题表征。创意产生过程中，创新创业者要先确定问题是否真的存在。首先，有时寻找的信息实际上就隐含在情境中，只是一时没有被察觉。其次，创新创业者要查明问题的实质。用户面临的问题常常是在一定的情境或事件中自然而然地出现的，问题的条件和目标常常是不确定、不明确的。为了解决问题，创新创业者必须思考分析问题的背景信息，把握问题的实质。要权衡各种可能的理解角度，建立利于解决问题的问题表征。例如，在一个旅馆，住在高层的房客常感觉电梯运行太慢，对于这一问题，我们不仅可以理解为需要加快电梯运行，也可以理解为怎样减少房客在乘电梯时的"等待感"，从这一角度出发的创意方案，就可以是在电梯中装上一面镜子或显示屏，把房客的注意力从"等待"上转移开。

厘清问题时，创新创业者需要反思自己原有的知识经验。针对当前的具体情境，他需要想：在这个问题中，已经知道的事实有哪些？有什么假定？解决过与此相关的问题吗？学过哪些相关的知识？还应该查阅哪些方面的资料？创意产生过程常常需要综合专门领域的多个概念、原理，联系原有的各种具体经验。不只是对问题进行识别和归类，而是对有关信息进行重新组织，对当前问题中的各种可能因素和制约条件进行具体表征。

2）问题分析。在创意产生过程中，只建立单一问题的表征是不够的，初步理解问题的性质之后，创新创业者还需要进一步考虑问题中的多种可能性，从多个角度、不同立场来看待这一问题，在此基础上再把各个侧面、各个角度结合起来，看哪种理解方式最有意义、最有利于问题的解决。在选择理解方式和角度时，创新创业者需要分析问题中可能存在的不同立场，权衡问题所牵涉的各方面的利害关系。这一问题情境都关系到哪些人？各方追求的目标分别是什么？他们都是怎么看待这一问题的？问题解决需要全面考虑，协调各方之间的关系。例如，要治理城市空气污染，涉及的大量普通市民，他们希望能有最清新的空气；涉及交通车辆用户、车辆制造商，以及造成空气污染的工厂等，他们也希望治理污染，但又不希望有太多的额外支出；也涉及政府，它既要保护环境，又要经济发展……，不同的立场实际上也反映了问题的不同侧面，产生好的创意就需要对问题不同的侧面不断地进行反思、判断。

3）产生可能的解。在确定各种立场和理解方式之后，创新创业者就可以分别从这些立场和理解方式出发，确定相应的解决方案。而在创意产生过程中，不仅需要从问题的目的出发，同时也需要从问题的条件和原因出发来推论问题的解决方案。对问题情境的不同理解导致不同的解法和思路。

4）评价及选择解。创意所针对的用户面临的问题通常没有唯一的标准答案，因此，这种问题的解决实际上是要寻找一种在各种解法中最为可取的解决方案。创新创业者需要对各种不同解法的有效性进行评价，而这需要他们形成自己的评价，反思自己的基本假定和信念。对问题持不同视角和观点，就会对解法有不同的判断和主张，创新创业者要澄清这些不同角度的主张，看自己同意什么，不同意什么，这实际上就是创新创业者形成自己的评价，得出自己认为满意解的过程。创新创业者要为自己选择的解提供证据，用有力的、充分的理由来支持自己的判断，为此，他常需要预测某种解决方案可能导致的后果，事物、现象将会由此而发生怎样的变化，并给出预测所依据的证据和理由。

5）对问题和解的再理解。创意产生过程中，由于问题更为开放、更为复杂，再理解过程显得尤为重要，而且也更为复杂。首先，不仅要对用户所面临问题的状态进行再理解，澄清问题的实质，确定各种解法思路的局限性。并且，作为创新创业者，需要反思自己学过的专门知识，并思考这些知识意味着什么，同时又要从自己的思路中跳出来，看看其他人、从其他角度出发会怎样理解这一问题，怎样解决问题。这种再理解活动在很大程度上依赖于创新创业者原有的知识经验，包括各种具体的个人经验和概括的原理性知识。值得注意的是，对问题表征和解决方案的再理解并不仅仅是独立的，在问题解决之后发生的活动环节，它与其他环节紧密联系并且相互促进，贯穿在创意产生过程中。

6）实施及叠代解决方案。在实际实施解决方案的过程中，问题解决往往都不是一次性完成。创新创业者需要认真监察问题解决的效果，看它能否达到期望的目标，能否满足不同方面的要求，能否在给定的条件（如时间、经费、人力等）下解决问题。针对问题解决结果的反馈信息，创新创业者常常需要改变理解问题的思路，或者叠代解决方案，以寻找到更有效、便捷的解决方案等。经过不断实施完善和反馈叠代，创新创业者最终形成用户所面临问题的优秀解决方案，产生创意。

12.7　问题及其解决方法

创意产生过程的实质是解决用户所面临的问题，产生具有新颖性或独创性解决方案的过程。这些问题往往分为两类：结构良好问题和结构不良问题。两种不同类型的问题所需用到的思维技巧和方法工具有所区别。因此创新创业者在创意产生过程中，有必要界定清楚所针对的问题对象，是结构良好问题还是结构不良问题。

结构良好问题是具有明确初始状态、目标状态以及解决方法的问题。在基础学习以及学科学习中解决的绝大多数问题往往都是结构良好问题，如解数学方程式。由于问题清晰明确，解法路径清楚，结构良好问题的解决过程是基于人的经验、知识和认知，将熟练掌握的知识和技能直接以一定的逻辑结构甚至基于直觉进行"解法搜索"就能得以解决。这需要用到大量专门知识，但较少用到创造性思维技巧。若创新创业者在创意产生过程中针对的用户需求属于结构良好问题，则行业的进入门槛往往较低，将会面临激烈的同行竞争。

结构不良问题指的不是这个问题本身有什么错误或不恰当之处，而是指这个问题没有阐述明确的结构或解决途径。问题的已知条件与要达成的目标比较模糊，问题所处的情景不明确，各种影响因素不完全确定，不能简单直接对应到解决方案，往往很难得以解决。

结构不良问题有如下特点：

（1）问题界定不清晰　在问题最初给出的情境中缺乏解决问题所需的完备信息，甚至对问题的实质和边界也没有确切的界定。需要在问题阐述、问题分析甚至问题解决的过程中不断补充额外信息以使问题的界定逐渐清晰，解决方案逐渐凸显。

（2）问题界定会动态变化　随着新信息的收集和补充，需求或问题的界定会发生变化，有时需要转换角度甚至重新界定需求或问题。

（3）需要同时解决多个子问题　没有单一的方法去澄清、阐述和解决问题的所有构成成分，需要同时探讨多个子问题的解决途径以及处理不同子问题解决的冲突。

（4）问题解决需要跨学科知识　解决方案的求解不能只局限于某一单一学科知识，往往需要跨学科知识协同使用。

（5）问题解决没有标准答案　在多个解决方案中不能完全确定所选择的是最正确的方案。搜集到的信息不完全、不充分，甚至有些信息存在冲突，问题的情境和需求也会发生动态变化，因此每个结构不良问题都没有确定的标准答案。

针对结构良好问题的发现方法主要有：逆向思维法、视觉转换法，该类问题的解决方法主要有：头脑风暴法和平行思维法。

针对结构不良问题的发现方法主要有：根原因分析法、功能分析与裁剪法、问题网络构建与冲突发现。该类问题的主要解决方法有：TRIZ 解决问题基本方法，包括理想解、资源分析、九窗口法、尺寸-时间-成本法、聪明小人法、冲突解决原理、技术系统进化等。

12.8　常用问题发现方法

问题发现是创意产生之门。问题的发现，首先要掌握问题的构成要素。问题的构成要素包括目标状态、现状以及事物由现状到达目标状态的限制因素，这里的限制因素是导致问题产生的原因。只有明确了现状、目标状态以及二者之间的限制因素，才能明确定义出具体且准确的问题，下面简要加以说明。

12.8.1　因果轴分析法

因果轴分析法是通过构建因果链探明特定事实发生的原因和产生的结果之间关系的分析

方法，以便找出问题发生的根本原因。

因果轴分析的目的：引起特定事实发生的根本原因与产生结果之间存在着一系列的因果逻辑关系，这样便可以构成一条或多条因果关系链，进而发现问题产生的根原因，寻找问题解决的切入点，如图 12-2 所示。

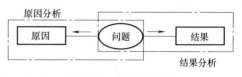

图 12-2　因果链模型

12.8.2　5-why 分析法

5-why 分析法是由丰田公司的大野耐一首创的，这个方法的基本思想是从特定事实入手，通过不断地询问"为什么"，穿过具体层面，逐渐深入挖掘不同抽象层面的原因，追根究底，进而寻找根原因的方法。这是一种叠代的根原因分析方法。提问次数不限于 5 次，可能低于也可能高于 5 次。此方法有两种常用工具，分别是链式图表（图 12-3）和研讨表（表 12-1）。

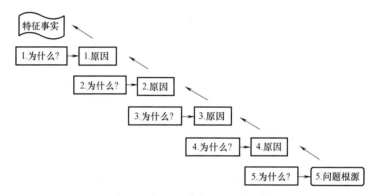

图 12-3　5-why 分析法链式图表

表 12-1　5-why 分析研讨表

次　　数	为什么	原　　因	及时和最终解决方案
1			
2			
3			
4			
5			

应用 5-why 法的原则：

1）提问时针对所提问题要具体，用简洁、明确的词汇表达；另外尽量避免使用两个动词。

2）叙述要客观，确认所描述的状态是事实，必要时用数据说明。

3）避免涉及人的心理，找出系统或超系统中可控的因素。

4）确保问题与原因间有必然联系。

5）why 的次数不限，分析要充分。

6）要经得起反溯。

12.8.3　鱼骨图分析法

鱼骨图分析法是一种定性的分析方法，它是以头脑风暴法为支撑，从人、机、料、法、环、测六个方面（5M1E）去寻找问题发生的根本原因，如图 12-4 所示。

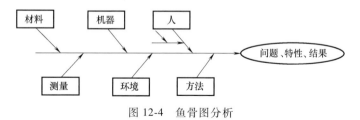

图 12-4　鱼骨图分析

1）人（Man/Manpower）。与之相关的人员是否清楚要求？意识如何？数量程度等？对于分析工程系统中出现的问题，主要分析功能模型中人与系统的交互关系，如果问题产生具有人的影响，应该在系统改进时，通过其他子系统代替人在系统中的功能。

2）机器（Machine）。使用的设备、设施是否满足要求？维护保养状况如何？对于分析工程系统中出现的问题，"机"是指超系统中的人造物。分析"机"的因素就是分析超系统中人造物对系统的影响。

3）材料（Materials）。材料的成分、物理性能和化学性能。对于工程系统中出现的问题，"材料"泛指系统中的所有元件，是分析与问题有关的元件及其相关属性。

4）方法（Method）。文件是否规定清楚？是否可行？是否制定相应的记录表格？是否可行？对与工程系统中出现的问题，主要分析系统的原理是否会导致问题的产生。

5）环境（Environment）。工作地的温度、湿度、照明和清洁条件等。对于分析工程系统中出现的问题，主要分析超系统中自然环境对系统的影响。

6）测量（Measurement）。测量时采取的方法是否标准、正确。对于工程系统中出现的问题，主要分析检测、控制系统是否存在问题。

5-why 法和鱼骨图分析法可以结合使用。图 12-5 所示为汽车制动导管长度不良问题的两种分析方法，得到的根原因是"汽缸漏气"，鱼骨图分支展开的过程可以应用 5-why 法作为引导工具。

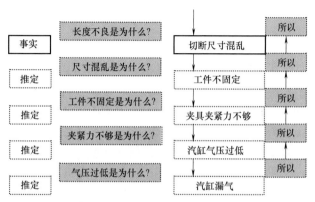

a) 基于5-why法的分析

图 12-5　制动导管长度不良的根原因分析

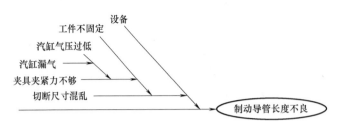

b) 基于鱼骨图的分析(部分)

图 12-5　制动导管长度不良的根原因分析（续）

12.8.4　故障树分析法

故障树是一种特殊的倒立树状逻辑因果关系图，它用事件符号、逻辑门符号和转移符号描述系统中各种事件的因果关系，如图 12-6 所示。故障树分析（FTA）的特点是直观、明了，思路清晰，逻辑性强，可以定性分析，也可以定量分析。

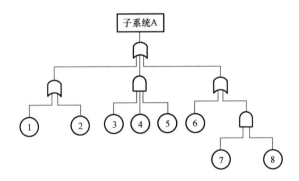

图 12-6　故障树模型

12.9　常用创意产生方法

12.9.1　TRIZ 方法

TRIZ 是"发明问题解决理论"，由俄文（теории решения изобрет-ательских задач，ТРИЗ）转换成拉丁文（Teoriya Resheniya Izobreatatelskikh Zadatch，TRIZ）后的首字母缩写；其英文全称是 Theory of Inventive Problems Solving，缩写为 TIPS，其意义为解决发明问题的理论。TRIZ 是苏联 G. S. Altshuler（1926～1998）及其领导的一批研究人员，自 1946 年开始，在分析研究世界各国 250 万件专利的基础上，提取专利中所蕴含的解决发明问题的原理及其规律之后建立起来的理论。

TRIZ 解决问题的原理如图 12-7 所示，在利用 TRIZ 解决问题的过程中，设计者首先将待设计的产品表达成为 TRIZ 问题，然后利用 TRIZ 中的工具，如发明原理、标准解等，求出该 TRIZ 问题的普适解或模拟解（Analogous Solution）。TRIZ 是集成了各领域解决同类问题的知识和经验，突破个人知识的局限性，另外通过系统化的解决问题的流程，避免了思维的惯性。

TRIZ 中直接面向解决系统问题的模型有三种，其基于知识的解集以及特点见表 12-2。对于系统改进过程中的同一个问题，一般可以同时转化为三类问题并分别求解。

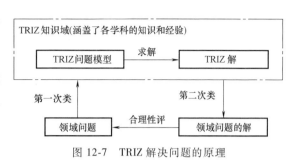

图 12-7　TRIZ 解决问题的原理

表 12-2　TRIZ 中三类问题模型及对应的基于知识的工具

问题模型		基于知识的工具集(解集)	特　点
功能模型		效应知识库	集合了大量专利实现不同功能的原理所蕴含的效应，为实现跨领域的解提供支持
物质-场模型		76 条标准解	用于元件间作用或场变换过程中出现的问题，标准解描述的是通过物质-场变换解决问题的途径
冲突模型	技术冲突	40 条发明原理	用于解决系统参数改进问题过程中，不同子系统间的矛盾的要求
	物理冲突	4 条分离原理	用于解决系统参数改进过程中，对同一对象提出的相反的要求

TRIZ 的体系结构如图 12-8 所示，分为概念层、分析方法层、问题解决方法层、系统化方法层，还有计算机辅助系统（CAI，Computer-aided Innovation）的支持。问题解决方法层分为战略方法与战术方法，前者包括需求进化定律、技术系统进化定律、技术成熟度预测，后者包括冲突解决原理、标准解、失效预测原理及效应原理。系统化方法层包括发明问题解决算法（ARIZ）及其他系统化方法。

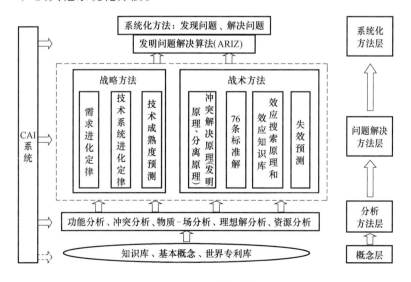

图 12-8　TRIZ 体系结构

TRIZ 分析方法层包含的分析工具有：功能分析、冲突分析、物质-场分析、理想解分析和资源分析，这些工具用于问题模型的建立、分析和转换。

1）功能分析。功能是系统存在的目的。功能分析的目的是从完成功能的角度而不是从技术的角度分析系统、子系统、部件。该过程包括裁剪（Trimming），即研究每一个功能是否必需，如果必需，系统中的其他元件是否可完成其功能。设计中的重要突破、成本或复杂程度的显著降低往往是功能分析及裁剪的结果。

2）冲突分析。在系统改进过程中，出现了不期望的结果，这就是冲突。当技术系统某一参数或子系统的改进，导致另外某些参数或子系统恶化，这就是技术冲突。当对同一对象提出相反的要求，这就是物理冲突。TRIZ 中建立了标准的充分分析、解决过程及工具。

3）物质-场分析。Altshuller 对发明问题解决的功能都可由两种物质及其间作用的场来描述。

4）理想解分析。在解决问题之初，TRIZ 首先抛开各种客观限制条件，通过理想化来定义问题的最终理想解（Ideal Final Result，IFR），以明确理想解所在的方向和位置，保证在问题解决过程中沿着此目标前进并获得最终理想解，从而避免了传统创新设计方法中缺乏目标的弊端，提升了创新设计的效率。

5）资源分析。发现系统或超系统中存在的资源是系统改进过程中的重要环节。一个理想的设计方案是不引入或引入尽可能少的资源。

TRIZ 解决问题的方法层主要是各种基于知识的工具。包括解决具体技术问题的战术性方法和解决技术系统长期发展问题的战略性方法。其中战术性方法包括：发明原理和分离原理，标准解和效应数据库。战略性方法包括：技术成熟度预测、技术系统进化定律（合称技术系统进化理论）以及 TRIZ 大师 Vladimir Perov 提出的需求进化定律。这些工具是在积累人类创新经验和大量专利的基础之上发展起来的。

1）冲突解决原理。包括发明原理和分离原理。发明原理是解决技术冲突时系统方案的抽象化描述，Altshuller 总结了 40 条发明原理。分离原理是解决物理冲突时系统方案的抽象化描述。

2）标准解。对于用物质-场模型表达的问题，TRIZ 总结了 76 条用于解决问题的物质-场变换的规则，称为标准解。

3）效应搜索原理及知识库。应用各种物理、化学和几何效应可以实现期望的功能，使问题的解决方案更加理想，而要实现这一点必须开发出一个大型的知识库。

4）技术系统进化理论。该理论描述的是技术系统演化的规律性，包括技术系统进化定律和技术成熟度预测，前者描述技术系统演化过程中在系统功能、结构等方面演化的规律性；后者描述了在核心技术不变的前提下，技术系统性能提高的过程满足 S-曲线。

5）需求进化定律。Vladimir Perov 提出需求处于进化状态，这种进化受客观规律支配，并归纳为 5 条需求进化定律即需求理想化（Idealization of needs）、需求动态化（Dynamization of needs）、需求集成化（Integration of needs）、需求专门化（Specialization of needs）和需求协调化（Coordination of needs）。

TRIZ 建立了系统化分析、解决问题的过程，就是 ARIZ 算法（Algorithm for Inventive Problem Solving）。ARIZ 称为发明问题解决算法，是发明问题解决的完整算法，该算法采用一套逻辑过程逐步将初始问题程式化。该算法特别强调冲突与理想解的程式化，一方面技术系统向着理想解的方向进化，另一方面如果一个技术问题存在冲突需要克服，该问题就变成了一个发明问题。应用 ARIZ 取得成功的关键在于没有理解问题的本质前，要不断地对问题进行细化，直到确定物理冲突。该过程及物理冲突的求解已有软件支持。

12.9.2　头脑风暴法

1. 概述

在创新活动中，应用"集思广益"的例子屡见不鲜，创造学家在此基础上创造了一种科学的开发创新性设想的创新技法——头脑风暴法。该方法对初学者较为容易掌握，较易上手。

头脑风暴法又称智力激励法、BS 法、自由思考法，是由美国创造学家奥斯本（Alex Faickney Osborn）于 1939 年首次提出、1953 年正式发表的一种激发创造性思维的方法。所谓头脑风暴（Brain-storming）最早是精神病理学用语，针对精神病患者的精神错乱状态，现在转为无限制的自由联想和讨论，其目的在于产生新观念或激发创新设想。

头脑风暴法又可分为直接头脑风暴法（通常简称为头脑风暴法）和质疑头脑风暴法（也称反头脑风暴法）。前者是专家群体决策尽可能地激发创新性，产生尽可能多的设想的方法，后者则是对前者提出的设想、方案逐一进行质疑，分析其现实可行性。

2. 技法原理

奥斯本头脑风暴法的理论基础是创造工程的群体原理，用群体的智慧克服个人的知识有限性和思维定势，是一种引导群体思维发散的方法。

奥斯本头脑风暴法是以一种自由、轻松的会议方式，使每个与会者都能围绕主题积极思考、大胆想象、任意发挥、出谋献策，营造一种智力互激、信息互补、思维共振、设想共生的特殊环境，从而有效地调动集体智慧，寻求丰富的创造设想。特别强调的是，集体智慧绝不等于与会者个人智慧的简单叠加。这是因为在集体智慧中，除了每个人原有的智慧成分，还应包含人们相互激励、相互启发、相互促进、相互补充，从而使人们的认识及思维水平不断提高、不断完善而产生智慧增生，而这种智慧增生相当可观，不可忽视。对此，国外曾有人专门进行研究，结果表明，在群体活动中，人的智力激发程度能增强 50% 以上，而自由联想的效率能提高 65%~93%。

基于人们对群体原理的深入认识及驾驭智力激励规律的有效探索，形成了奥斯本头脑风暴法的 4 项原则，这 4 项原则是奥斯本头脑风暴法的精华和核心，其最终执行的有效程度也取决于人们对于这些原则贯彻是否得力、是否真正到位。奥斯本头脑风暴法 4 项原则如下：

1）自由思考。自由思考即要求与会者尽可能解放思想，无拘无束地思考问题并畅所欲言，不必顾虑自己的想法或说法是否"离经叛道"或"荒唐可笑"。

2）延迟评判。延迟评判即要求与会者在会上不要对自己和他人的设想评头论足，不要发表"这主意好极了！""这种想法太离谱了！"之类的"捧杀句"或"扼杀句"，也禁止出现评判的形体语言。至于对设想的评判，留在会后组织专人考虑。

3）以量求质。以量求质即鼓励与会者尽可能多而广地提出设想，以大量的设想来保证质量较高的设想的存在。

4）结合改善。结合改善即鼓励与会者积极进行智力互补，在增加自己提出设想的同时，注意思考如何把两个或更多的设想结合成另一个更完善的设想。

上述 4 项原则中，"自由思考"突出自由奔放、求异创新，这是奥斯本头脑风暴法的宗旨；"延迟评判"要求思维轻松、气氛活跃，这是激发创造力的保证，也是该技法的关键；"以量求质"追求设想的数量，这是获得高质量创造性设想的前提和条件；"结合改善"强调相互补充和相互完善，这是奥斯本智力激励法成功的标准。由此可见，4 项原则各有侧重、相辅相成、浑然一体、关联协同，从而保证了智力激励的实现。

3. 操作程序及要点

（1）会前准备

1）选定会议主持人。会议主持人的作用至关重要，应尽量具备以下条件：

① 有进行创造的强烈愿望，思路开阔、思维活跃，熟悉奥斯本头脑风暴法的基本原理，理解并能贯彻智力激励会的 4 项原则，充分发挥激励的作用机制，调动与会者的积极性。

② 对会议所要解决的问题有比较明确的认识和理解，并能根据发言的情况及时对与会者进行启示诱导，有一定的组织能力。

③ 具有民主作风，能平等对待每个与会者，形成自由畅想、气氛融洽的局面，能灵活处理会议中出现的各种情况，保证会议按预定程序进行。

2）拟定会议主题。由会议主持人和问题提出者共同分析研究，拟定本次会议所议论的主题。主题应力求内容单一、目标明确，而且不能贪多，一次会议只求解决一个问题。对于复杂的系统问题应分解为若干个相对独立的单一问题，使会议主题集中。

3）确定参加会议人选。

① 参加人数。智力激励会的参加人数以 5~10 人为宜。人数过多，可能使会议时间过长，且无法保证与会者有充分发表设想的机会；反过来，人数过少，所覆盖的知识面过于狭窄，不能有效互补，也难以形成热烈活跃的气氛。

② 人员的专业构成。参加会议的人员中应既有内行，又有外行，内行多于外行。内行者不局限于同一专业，要照顾到知识结构的合理性。外行者要思维活跃，善于提出问题，以突破专业思考的局限。也有按照下述三个原则选取的：

a. 如果参加者相互认识，要从同一职位（职称或级别）的人员中选取。领导不应参加，否则可能对参加者造成某种压力。

b. 如果参加者互不认识，可从不同职位（职称或级别）的人员中选取。这时不应宣布参加人员职称，不论成员的职称或级别的高低，都应同等对待。

c. 参加者的专业应力求与所论及的决策问题一致，这并不是专家组成员的必要条件。但是，专家中最好包括一些学识渊博，对所论及问题有较深理解的其他领域专家。头脑风暴法专家小组应由下列人员组成：方法论学者（专家会议的主持者）；设想产生者（专业领域的专家）；分析者（专业领域的高级专家）；演绎者（具有较高逻辑思维能力的专家）。

4）提前下达会议通知。将会议时间、地点、所要解决的问题、可供参考的资料和设想、需要达到的目标等事宜一并提前几天通知与会人员，使他们在思想上有所准备，并提前酝酿解决问题的设想。

（2）会议步骤

1）热身阶段。这个阶段的目的是创造一种自由、宽松、祥和的氛围，使大家得以放松，进入一种无拘无束的状态。主持人宣布会议开始后，先说明会议规则，然后随便谈点有趣的话题或问题，如可作一些智力游戏、幽默小故事、简单的发散思维练习等活动，让大家的思维处于轻松和活跃的境界。如果所提问题与会议主题有着某种联系，人们便会轻松自如地导入会议议题，效果自然更好。

2）明确问题。会议开始，由会议主持人向与会者介绍本次会议所讨论的问题，使与会者对问题有一个全面的了解，从而更准确地把握主攻方向。

介绍问题时，既要作深入浅出的简要解释，向与会者提供直接相关的背景材料，又注意不要将自己的初步设想和盘端出，以免形成条条框框，束缚与会者的思路。

3）重新表述问题。经过一段讨论后，大家对问题已经有了较深程度的理解。这时，为了使大家对问题的表述具有新角度、新思维，主持人或书记员要记录大家的发言，并对发言记录进行整理。通过记录的整理和归纳，找出富有创意的见解，以及具有启发性的表述，供下一步畅谈时参考。

4）自由畅谈。这是智力激励会的中心环节，也是决定会议能否达到预期目标的关键阶段。会议主持人运用4项原则，引导大家突破心理障碍和思维约束，营造一种自由、宽松、热烈、活跃，相互激励、相互推动的气氛，使与会者能充分开动脑筋，充分发表意见，思维共振、信息共享，尽可能多地提出创造性设想。

为了使大家能够畅所欲言，需要制订的规则是：①不要私下交谈，以免分散注意力。②不妨碍他人发言，不去评论他人发言，每人只谈自己的想法。③发表见解时要简单明了，一次发言只谈一种见解。

自由畅谈阶段的时间应由主持人见机行事，灵活掌握，一般不超过1h。待大家充分发表完意见，对所要解决的问题产生出较丰富的设想以后，主持人即可宣布会议结束。

（3）会后整理 由于会上大家提出的设想大都未经仔细推敲和认真论证，只有经过加工、整理、提炼和完善，才真正具有实用价值。因此，头脑风暴会结束后，主持人应组织专人对各种设想进行分类整理，具体做法是：

1）增加与补充。头脑风暴会后，还可有目的地与部分与会者取得联系，或补充原来的意见，或提出更加新颖的设想。这是不可忽视的一步。因为通过休息，人们的心情冷静下来以后，可能会有新的想法，思路可能会有所发展，甚至获得某种灵感，都有可能激发新的设想。

2）评价与优选。为使评价与优选方便、可行，具有可操作性，最好是拟定一些评价指标，如：结构是否简单？工艺是否可行？做法是否合理？费用是否节省？具体拟定哪些指标，要根据问题本身的性质和解决问题的要求来决定。

在评价的基础上，再对各种设想逐一分析比较、优胜劣汰，做到优中选优，从中得出最佳的、最适用的或者最有价值的设想。

实施奥斯本头脑风暴法，大致可以遵循以上程序，但并非一成不变。需根据具体问题具体分析，做到灵活掌握、灵活运用。

12.9.3 检核表法

1. 概述

检核表法是奥斯本1941年提出的，检核表即"检查一览表"或"检查明细表"。检核表的作用是为对照检查提供依据，还可以启发思路。它根据需要研究对象的特点列出有关问题，形成检核表，然后逐一核对讨论，从而发掘出解决问题的大量设想。奥斯本的检核表法是针对某种特定要求制定的检核表，主要用于新产品的研制开发。

检核表法的设计特点之一是多向思维，用多条提示去引导你发散思考。如奥斯本检核表法中有九个问题，就好像有九个人从九个角度帮助你思考问题。你可以把九个思考点都试一试，也可以从中挑选一、两条集中精力深入思考。检核表法使人们突破了不愿提问或不善提问的心理障碍，进行逐项检核时，强迫人们思维扩展，突破旧的思维框架，开拓了创新思路，利于提高创新的成功率。

2. 检核表法的实施过程

基本做法是：①选定一个要改进的产品或方案；②面对一个需要改进的产品或方案，或者面对一个问题，从表 12-3 所示的九个角度提出一系列的问题，并由此产生大量的思路；③根据第二步提出的思路，进行筛选和进一步思考、完善。

实施检核表法需注意以下事项：

1）要联系实际一条一条地进行核检，不要有遗漏。

2）要多核检几遍，效果会更好，或许会更准确地选择出所需创新、发明的方面。

3）在检核每项内容时，要尽可能地发挥自己的想象力和联想力，产生更多的创造性设想。检索思考时，可以将每大类问题作为一种单独的创新方法来运用。

4）核检方式可根据需要，一人核检也可以，3~8 人共同核检也可以。集体核检可以互相激励，产生头脑风暴，更有希望创新。

表 12-3 奥斯本的检核表法

检核项目	含　义
1. 能否他用	现有的事物有无其他的用途？保持不变能否扩大用途？稍加改变有无其他用途？
2. 能否借用	能否引入其他的创造性设想？能否模仿别的东西？能否从其他领域、产品、方案中引入新的元素、材料、造型、原理、工艺、思路？
3. 能否改变	现有事物能否改变？如：颜色、声音、味道、式样、花色、音响、品种、意义、制造方法。改变后效果如何？
4. 能否扩大	现有事物可否扩大适用范围？能否增加使用功能？能否添加零部件？能否延长使用寿命，能否增加长度、厚度、强度、频率、速度、数量、价值？
5. 能否缩小	现有事物能否体积变小、长度变短、重量变轻、厚度变薄以及拆分或省略某些部分（简单化）？能否浓缩化、省力化、方便化、短路化？
6. 能否替代	现有事物能否用其他材料、元件、结构、力、设备力、方法、符号、声音等代替？
7. 能否调整	现有事物能否变换排列顺序、位置、时间、速度、计划、型号？内部元件可否交换？
8. 能否颠倒	现有的事物能否从里外、上下、左右、前后、横竖、主次、正负、因果等相反的角度颠倒使用？
9. 能否组合	能否进行原理组合、材料组合、部件组合、形状组合、功能组合、目的组合？

3. 案例分析

对照奥斯本检核表法的实施过程，在手电筒创新中可以提出一系列创新问题，最终可以确定创新的立足点（表 12-4）。

表 12-4 手电筒的创新思路

序号	检核项目	引出的发明
1	能否他用	其他用途:信号灯、装饰灯
2	能否借用	增加功能:加大反光罩,增加灯泡亮度

（续）

序号	检核项目	引出的发明
3	能否改变	改一改：改灯罩、改小电珠和用彩色电珠等
4	能否扩大延长使用寿命	使用节电、降压开关
5	能否缩小	缩小体积：1号电池→2号电池→5号电池→7号电池→8号电池→纽扣电池
6	能否替代	代用：用发光二极管代替小电珠
7	能否调整	换型号：两节电池直排、横排、改变式样
8	能否颠倒	反过来想：不用干电池的手电筒，用磁电机发电
9	能否组合	与其他组合：带手电收音机、带手电的钟等

12.9.4 六顶思考帽法

1. 平行思维和六顶思考帽

平行思维（Parallel Thinking）也称为水平思维，是被誉为"创新思维之父"的英国著名学者爱德华·德·博诺（Edward de Bono）提出的。平行思维是将我们的思维从不同侧面和角度进行分解，分别进行考虑，而不是同时考虑很多因素。每一位思考者都将自己的观点同其他人同等对待，而不是一味地批驳其他人的观点。

六顶思考帽是爱德华·德·博诺博士开发的"平行思维"工具，强调的是"能够成为什么"，而非"本身是什么"，是寻求一条向前发展的路，而不是争论谁对谁错，避免将时间浪费在互相争执上。

运用六顶思考帽能够帮助人们：①提出建设性的观点。②聆听别人的观点。③从不同角度思考同一个问题，从而创造高效能的解决方案。④用"平行思维"取代批判式思维和垂直思维。⑤提高团队成员集思广益的能力，为统合综效提供操作工具。作为一种象征，帽子的价值在于它指示了一种规则。帽子的一大优点是可以轻易地戴上或者摘下。同时帽子也可以让周围的人看得见。正是由于这些原因，爱德华·德·博诺选择帽子作为思考方向的象征性标记，并用六种颜色代表六个思考的方向，它们是白色、红色、黑色、黄色、绿色和蓝色。

实际运用中，以颜色而不是功能来指代帽子有很好的理由。如果你要求一个人对某事做出情绪化的反应，你也许不会得到预期的答案，因为人们认为情绪化的反应是不对的。但是术语"红色思考帽"本身代表中性。你要求别人"暂时脱下黑色帽子"比要求他不要继续谨小慎微更为容易。颜色的中性消除了使用帽子的尴尬。思考成了一个应用一定规则的游戏，而不是一件充满规劝和谴责的事情，所有的帽子都可以直接提到。比如：

1）我希望你摘下黑色思考帽。

2）让我们都戴上红色思考帽思考几分钟。

3）这样进行黄色帽子思考很好，现在让我们戴上白色思考帽。

六顶思考帽中每一顶帽子的颜色与其功能是相关的，如图12-9所示。

1）白色思考帽。白色代表中性和客观，白色思考帽思考的是客观事实和数据。

2）红色思考帽。红色代表情绪、直觉和感情，红色思考帽提供感性的看法。

3）黑色思考帽。黑色代表冷静和严肃，黑色思考帽意味着小心和谨慎。它指出了任一

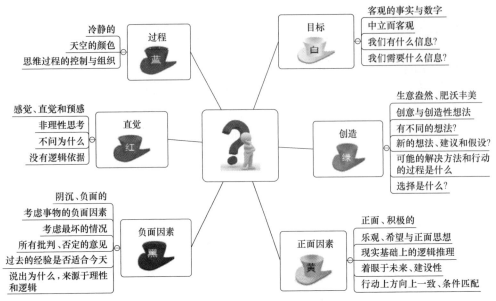

图 12-9　六顶思考帽

观点的风险所在。

4）黄色思考帽。黄色代表阳光和价值，黄色思考帽是乐观、充满希望的积极的思考。

5）绿色思考帽。绿色是草地和蔬菜的颜色，代表丰富、肥沃和生机，绿色思考帽指向的是创造性和新观点。

6）蓝色思考帽。蓝色是冷色，也是高高在上的天空的颜色。蓝色思考帽是对思考过程和其他思考帽的控制和组织。

2. 如何使用思考帽

有两种使用思考帽的基本方法。一种是单独使用某顶思考帽来进行某个类型思考的方法。另一种是连续使用思考帽来考察和解决一个问题。

（1）单独使用　单独使用时，思考帽就是特定思考方法的象征。在对话或讨论的过程中，你可能遇到需要新鲜看法的情形：我想我们在这里需要戴上绿色思考帽来思考。

同样的会议中，过一会儿可能又有新的建议：

对此我们也许应该戴上黑色思考帽来考虑。

思考帽可以这样人为转换正是其优点所在。没有思考帽，我们对思考方式的指向就是虚弱的、个人化的，比如我们只能说：我们这里需要一些创造性。不要如此消极。

没有必要每次张口都要说明你运用的是哪一顶思考帽。就像提供给人们进行不同思考的思考工具一样，六顶思考帽可以根据你的需要随时取用。一旦人们经过了如何使用思考帽的训练，他们就会知道如何做出反应。我们不再需要含糊地说"请想一想这个"，我们现在可以用六顶思考帽来明确地指向特定的思考方式。

（2）连续使用

1）六顶思考帽可以一个接一个地按序列使用。

2）任意一顶思考帽都可以随你的需要经常使用。

3）没有必要每一顶思考帽都要使用。

4）可以连续使用两顶、三顶、四顶或者更多的思考帽。

一种六顶帽子的应用顺序如图 12-10 所示，具体使用过程为：①陈述问题（白帽）；②提出解决问题的方案（绿帽）；③评估该方案的优点（黄帽）；④列举该方案的缺点（黑帽）；⑤对该方案进行直觉判断（红帽）；⑥总结陈述，做出决策（蓝帽）。

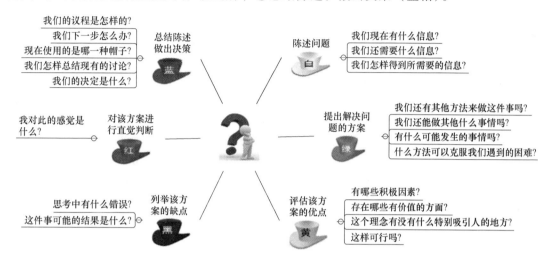

图 12-10　一种六顶帽子的应用顺序

12.9.5　形态学分析法

1. 形态学分析法简介

形态学分析法（Morphological Analysis，MA）是由美籍瑞士天体物理学家和天文学家弗雷茨·兹威基（Fritz Zwicky）在 20 世纪 30 年代前期提出的，是一种构建和研究包含在多维、非量化复杂问题中的关系全集的方法。在第二次世界大战中，他参加了美国火箭研制小组，应用形态学分析法，在一周内提出了 576 种不同的火箭设计方案。这些方案几乎包括了当时所有可能的火箭设计方案。后来证实，这其中就包括美国一直想得到的德国巡航导弹 V1 和 V2 的设计方案。

在文献中出现较多的形态学分析工具是形态学矩阵，见表 12-5，形态学矩阵左边第一列列出了设计对象所有需完成的项目（如功能元），每个项目的同一行中右侧的每个元素是实现该项目的某种可能途径。从右侧每一行取一个元素组合到一起就是一个可能的系统设计方案，见表 12-5，若系统有 3 个项目需完成，每个项目有 5 种实现途径或方案，组合后系统共有 $5 \times 5 \times 5 = 125$ 种可能方案。当然并不是每种组合都是可行的，需要检验哪些是或不是可能的、可行的、实用的和值得关注的配置等，以在形态学域确定"解空间"。

表 12-5　形态学矩阵

项目	参数可能取值				
P_1	P_{11}	P_{12}	P_{13}	P_{14}	P_{15}
P_2	P_{21}	P_{22}	P_{23}	P_{24}	P_{25}
P_3	P_{31}	P_{32}	P_{33}	P_{34}	P_{35}

形态学分析用于产品创新设计，在问题分析、概念设计、技术设计以及详细设计过程中，都可以利用形态学分析方法进行分析。在问题分析阶段，分析对象是设计参数，产生更符合需求的 PDS；在概念设计阶段，分析对象是产品功能结构及原理方案，产生优化的概念解；在技术设计阶段，分析对象是分析实现概念的具体结构或参数，以得到优化的初步技术方案；在详细设计阶段，分析对象是分析产品具体结构和工艺路线，以得到优化的详细结构。

形态学方法的理论基础是系统工程，产品在各个层次上的系统化结构的可分性决定了形态学方法分析的效果。形态学分析方法必须与系统设计过程紧密结合，才能起到其产生优化解的作用。

形态学分析方法的不足也是显而易见的，形态分析时需要尽可能多地列出所有可能的取值或解，而形态分析方法对这些底层解的产生缺乏有效的工具，分析效果取决于参与者的经验和知识。因此，形态学分析方法是一种依靠直觉或灵感进行创新的方法，只是把复杂系统分成相对独立部分，降低了直接求解的难度，通过子系统解的组合大大扩大了解空间的范围。为了提高形态学分析的效果和效率，可借助头脑风暴法、TRIZ 等启发创新思维的方法提高底层解的数量和质量。

2. 形态学分析的步骤

形态分析法是一种系统化分析的方法。它把研究对象或问题分为一些基本组成部分，并对每一个基本组成部分单独处理，分别得出各种解决问题的办法或方案，通过不同的组合关系得到多种总方案。Swichy 把形态分析法分为五个步骤：

（1）明确问题　确定要研究的对象和要达到的目标。

（2）问题分解　把问题分解成若干个基本组成部分，并对每个部分的特性（或方案）穷举求解。

（3）建立一个包含所有基本组成部分的多维矩阵，在这个矩阵中应包含所有可能的总的解决方案。

（4）检查这个矩阵中所有的方案是否可行，并加以分析和评价。

（5）对各个可行的总方案进行比较，从中选出一个最佳的总方案。

下面以新型洗衣机设计的例子说明形态学分析方法的应用。运用形态分析法探索新型洗衣机的设计方案时，可以按以下方法进行：

（1）明确问题　从洗衣机的总体功能出发，分析实现"洗涤衣物"功能的手段，可得到"盛装衣物""分离脏物"和"控制洗涤"等基本分功能。以分功能作为形态分析的 3 个因素。

（2）问题分析　对应分功能因素的形态，是实现这些功能的各种技术手段或方法。为列举功能形态，应进行信息检索，密切注意各种有效的技术手段与方法。在考虑利用新方法时，可能还要进行必要的试验，以验证方法的可用性和可靠性。在上述 3 个分功能中，"分离脏物"是最关键的功能因素，列举其技术形态或功能载体时，要针对"分离"功能，从多个技术领域（机、电、热、声等）去思考。

（3）列形态学矩阵并进行组合　经过一系列分析和思考，建立洗衣机形态学矩阵，见表 12-6。

利用表 12-6，理论上可组合出 $4 \times 4 \times 3 = 48$ 种方案。

表 12-6　洗衣机形态学矩阵

问题（功能）	形态 1	形态 2	形态 3	形态 4
承装衣物 A	金属桶	塑料桶	玻璃钢桶	木桶
分离脏物 B	摩擦分离	电磁振荡分离	热胀分离	超声波分离
控制洗涤 C	手控	机械定时器	电脑控制	

（4）方案评选　有如下几种方案：

1）方案 A1→B1→C1 是一种最原始的洗衣机。

2）方案 A1→B1→C2 是最简单的普及型单缸洗衣机。这种洗衣机通过电动机和带传动使洗衣桶底部的拨轮旋转，产生涡流并与衣物相互摩擦，再借助洗衣粉的化学作用达到洗净衣物的目的。

3）方案 A2→B3→C1 是一种结构简单的热胀增压式洗衣机。它在桶中装热水并加入衣物，用手摇动使桶旋转增压，也可实现洗净衣物的目的。

4）方案 A1→B2→C2 是一种利用电磁振荡原理进行分离脏物的洗衣机。这种洗衣机可以不用洗涤拨轮，把水排干后还可使衣物脱水。

5）方案 A1→B4→C2 是超声波洗衣机的设想，即利用超声波产生很强的水压使衣物纤维振动，同时借助气泡上升的压力使衣物运动而摩擦，达到洗涤的目的。

经过初步分析，便可挑选出少数方案进行进一步研究。

第13章

机械产品创新设计过程

13.1 传统的机械产品设计流程

机械产品设计流程包括功能原理设计、方案设计、运动、动力学分析及评价决策等阶段，具有复杂性、不确定性、创造性、高精度性、综合性、跨学科性等特点，传统的机械产品设计过程是基于经验的设计过程，它的设计过程如图 13-1 所示。

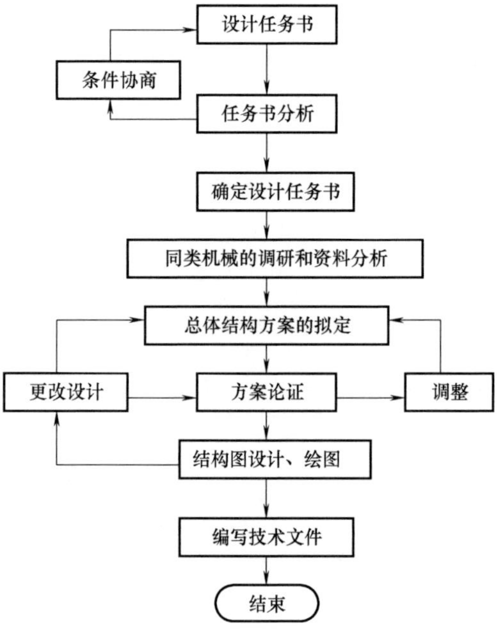

传统机械产品设计过程具有以下的特点和局限性：

（1）设计方法　主要为类比设计和经验设计。

1）方案拟定主要取决于个人经验。

2）难以对设计方案进行优化。

（2）设计手段　主要为手工方式。

1）设计计算主要为静态、近似计算。

2）设计结果的可靠性、准确性不佳，不能完全反映零部件真实的工作状态。

（3）设计周期　传统机械产品的设计周期很长，主要表现为：

1）人工绘制装配图、零件图占整个设计周期 70% 左右的时间。

2）设计中存在的问题在样机试制、装配、调试时才能发现。

图 13-1　机械产品设计过程图

13.2 机械产品计算机辅助设计流程

随着社会经济的快速发展，产品功能要求也日益增多、复杂性增加，寿命期缩短，更新换代速度加快。传统的机械产品设计方法由于存在设计周期长、难以对设计方案进行优化等缺点，因此，产品的设计，尤其机械产品方案的设计，则显得力不从心，跟不上现代社会发展的需要。

另外，科学技术的飞速发展，使得众多机械产品设计新方法成为可能，计算机辅助设计就是其中的一种。计算机辅助设计将计算机技术、图形图像计算、可视化技术、数值分析和图文处理等技术应用到产品的设计中，主要是利用三维图形软件和虚拟现实技术等进行设计、仿真、分析和优化，直观性较好，在缩短产品开发周期、降低生产成本费用、促进科技成果转化、提高劳动生产效率、提高技术创新能力等方面发挥了巨大的作用。

现有的计算机辅助设计（CAD）能够克服传统设计方法的不足，在现代设计方法中占有重要的地位。计算机辅助设计能够满足机械产品的机构计算、绘制加工图样、三维建模和虚拟仿真等方面的工作，并且设计精度和准确度高。机械产品的计算机辅助设计（CAD）可以在面向机械产品的整个设计过程中，将设计经验、知识形式化、数字化并以显示的方式保存下来，并且采用符合设计思维的知识模型和知识处理技术以延伸、启发和提高设计者的设计能力。机械产品的计算机辅助设计是现代机械产品设计过程的重要内容，它的一般设计流程如图 13-2 所示。

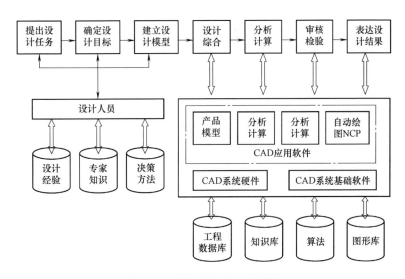

图 13-2　机械产品 CAD 流程图

目前，计算机辅助产品的设计绘图、设计计算、加工制造、生产规划已得到了较广泛和深入的研究。计算机辅助设计无疑将成为推动新产品的开发、优化和社会发展的强大动力。

13.3　机械产品集成开发流程

机械产品集成开发流程是指将 CAD（Computer Aided Design）、CAE（Computer Aided Engineering）、CAPP（Computer Aided Process Planning）和 CAM（Computer Aided Manufacture）结合起来，使产品由概念、设计、生产到成品形成可节省相当多的时间和投资成本，而且可保证产品质量，这个过程的示意图如图 13-3 所示。该流程大致分为如下 3 个阶段。

1）CAD 结构设计阶段。利用 CAD 技术、CAD 软件（Solidworks、UG、Pro/E 等）进行机械零件三维建模以及整机三维装配。

2）CAE 优化分析阶段。利用 CAE 技术、CAE 软件（ANSYA、ADAMS 等）反复进行设计方案的分析、校核与优化，直至满足设计要求。

3）CAPP 与 CAM 加工阶段。在前两个阶段的基础上，利用 CAPP 计算机辅助工艺设计软件完成机械零件加工工艺，进而利用 CAM 技术进行数控编程、数控仿真和数控加工。

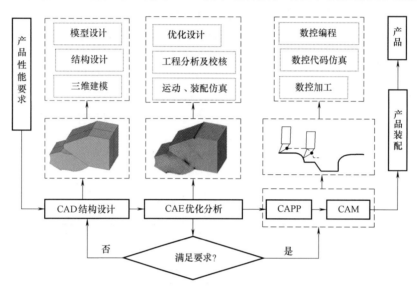

图 13-3　机械产品集成开发流程

13.4　产品设计过程模型

设计是一个复杂的过程。针对设计的复杂性，形成的设计过程不是一个简单的顺序过程，经过多年的研究，已提出多个设计过程模型。英国 OPEN 大学的 Cross 将这些模型归为描述型（Descriptive Models）与规定型（Prescriptive Models）两类过程模型。前者对设计过程中可行的活动进行描述，后者规定设计过程所必须的活动。

13.4.1　描述型产品设计过程模型

图 13-4 所示为一种描述型设计过程模型。该模型既适用于新设计，也适用于变型设计，该模型描述了产品设计的一般过程，即问题分析、概念设计、技术设计和详细设计四个阶段。

（1）问题分析　问题分析是根据用户需求，通过问题分析，对待设计的对象和子系统进行定义（或重新定义），确定各种设计约束、标准及可用资源等。

（2）概念设计　概念设计是产品创新的核心环节，要产生多个所定义问题的原理解，并按照一定的原则进行评价，选定一个或几个可行的原理解进入后续设计。

（3）技术设计　技术设计是要完成产品的总体结构设计，设计过程中要考虑之前确定的设计约束。如果概念设计选定的方案在技术设计阶段无法实现，则回到概念设计或回到问题分析阶段，重新设计。如有几个可行方案，还需确定一个最终方案。

（4）**详细设计** 详细设计是根据总体设计方案，按照生产工艺要求完成全部生产图样及技术文件。

13.4.2 规定型产品设计过程模型

图 13-5 所示为源自德国的规定型设计过程模型。该模型由 7 个阶段组成，每一阶段都规定了需完成的任务及特定的工作结果。该模型中阶段 2 和阶段 3 共同构成前述描述型模型中的概念设计阶段。在概念设计与技术设计之间插入了模块的划分，把模块化贯彻到设计中。

图 13-4 与图 13-5 所示的模型有明显的区别。图 13-4 并没有特别规定任务如何完成，并没有明确提出采用什么方法得到待设计产品的原理解，而只是说明应该提出原理解，设计者可以尽情发挥。图 13-5 规定设计者必须如何做，如查明功能结构阶段，规定设计者必须确定待设计产品的功能结构，而不能用其他方法，虽然设计者不能尽情发挥，但工作阶段本身已被以往设计经验证明其是合理的。

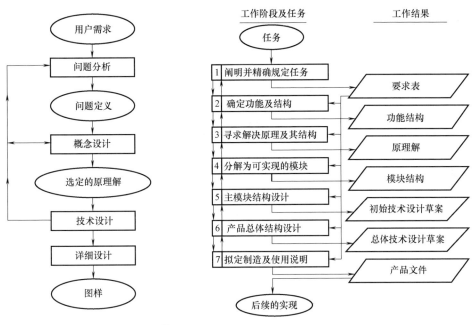

图 13-4 描述型设计过程模型（French 模型）　图 13-5 规定型设计过程模型（VDI2221）

13.4.3 企业新产品开发设计的一般过程

图 13-6 所示为企业进行新产品开发时产品设计的一般过程，该过程涵盖了产品从原始设计到产品样机最终定型生产的各个设计环节。具体而言，产品开发设计过程包括任务规划阶段、概念设计阶段、技术设计阶段、详细设计阶段和定型生产阶段。

（1）**任务规划阶段** 该阶段要进行需求分析、市场/需求预测、可行性分析，根据企业内部的发展目标、现有设备能力及科研成果等，确定设计目标，包括功能、性能/设计参数及约束条件，最后明确详细的设计要求以作为设计、评价和决策的依据，制定设计任务书

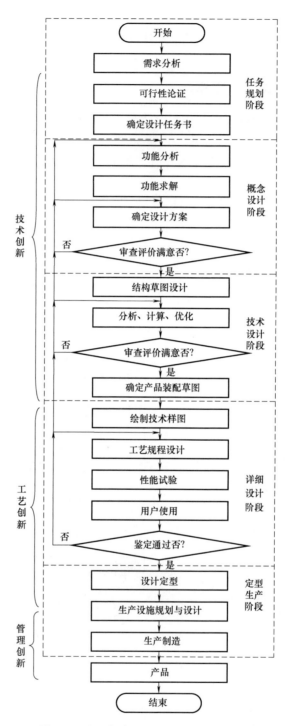

图 13-6 企业新产品开发设计的一般过程

（Product Design Specification，PDS），该阶段是对产品创新影响较大的阶段，很大程度上决定了要设计一个什么样的产品。

（2）概念设计阶段 如前述，该阶段是产品创新的核心环节，其核心任务是产品功能原理的设计。首先将系统总功能分解为若干个复杂程度较低的分功能，直至最简单的功能元，通过各种方法求得的各个功能元的多个解、组合功能元的解（多解）。根据技术、经济指标对已建立的各种功能结构进行评价、比较，从中求得比较好的最佳原理。

（3）技术设计阶段 该阶段要将功能原理方案具体化为产品结构草图，以进一步进行技术、经济分析，修改薄弱环节。主要工作包括零部件布局排列、运动副设计、人—机—环境的关系以及零部件的选材、结构尺寸的确定等，再进行总体优化、设计，确定产品装配草图。在设计过程中，由于资源的限制，有可能会形成发明问题。以上三个阶段涉及的创新活动都是技术创新的范畴。

（4）详细设计阶段 该阶段又称为施工设计阶段，在上述装配草图的基础上，进行零件、部件的分解设计、优化计算等工作，通过模型试验检查产品的功能和零部件的性能，并加以改进，完成全部生产样图，进行工艺设计，编制工艺规程文件等相关技术文件。该阶段涉及的创新活动主要属于工艺创新的范畴。

（5）定型生产阶段 该阶段通过用户试用、设计定型，为了批量生产，需要进行生产设施规划与布局设计，以投入生产制造。该阶段的创新主要属于管理创新的范畴，但是在生产线设计实现上，可能需要生产系统的创新设计。

前述3个设计过程虽然看似是顺序完成的过程，但是，在具体设计的每个环节，如果不能得到满意的结果，需要返回到上一级或更上级的步骤。比如在技术设计不能满足要求，需要返回到技术设计开始阶段重新进行技术设计或者返回到概念设计阶段重新进行方案的选择或求解。

13.5 著名的设计理论

13.5.1 Pahl及Beitz的设计理论

德国的设计理论是优秀设计过程积累经验的总结。该理论的典型代表是Pahl及Beitz的普适设计方法学（Comprehensive Design Methodology）。该设计方法建立了设计人员在每一设计阶段的工作步骤计划，这些计划包括策略、规则、原理，从而形成一个完整的设计过程模型。一个特定产品的设计可完全按该过程模型进行，也可选择其中一部分使用。

该方法中，概念设计阶段的核心是建立待设计产品或技术系统的功能结构。产品首先由总功能描述，总功能可分解为分功能，各分功能可一直分解到能够实现的功能元为止。物料、能量、信号三种流作为输入与输出，将各功能元有机地组合在一起就形成了产品的功能结构。

13.5.2 公理设计

公理设计（Axiomatic Design）是美国MIT以Suh为首的设计理论研究小组提出的设计理论。公理设计的出发点是将传统的以经验为基础的设计活动，建立以科学公理、法则为基础的公理体系。

如图13-7所示，公理设计理论认为在设计过程中，设计问题可分为4个域。通常概括为：用户域（Consumer Domain）、功能域（Function Domain）、结构域（Physical Domain）

和工艺域（Process Domain）。每个域都有各自的元素，即用户需求（Custom Needs）、功能要求（Function Require）、设计参数（Design Parameters）和工艺变量（Process Variables）。产品设计过程就是彼此相邻两个域之间参数相互转换的过程。相邻的两个设计域是紧密联系在一起的，两者的设计元素均有一定的映射关系。公理设计定义了相邻的设计域之间的映射关系，即

$\{FRs\} = [A]\{DPs\}$（以功能域和物理域为例）

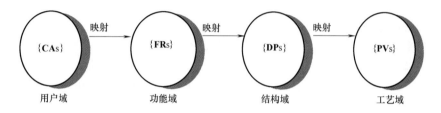

图 13-7 公理设计理论中的产品设计过程

公理设计通过在相邻的两个设计域之间进行"之字形"映射变换以进行产品设计，并在变换过程中利用设计公理判断设计的合理性并选择最优的设计。与其他的设计理论相比，公理设计不是单纯在每一个设计域中完成自身的设计，而是充分考虑相邻的两个设计域之间的相互关系，在两个设计域之间自上而下地进行变换，整个映射关系过程形象地描述为"之字形"映射，如图 13-8 所示。

公理设计提出了两条设计公理：

1）独立性公理（The Independence Axiom）。即维护功能要求之间的独立性。

2）信息公理（The Information Axiom）。即设计的信息尽量力求最少。

公理设计的两条设计公理可以在设计过程中帮助设计者判断设计的合理性。但是如果发现设计不满足设计公理的要求，设计者只能凭经验去修改。公理设计基本上是一种概念上的表达，距离完善的理论体系和实用尚有一定的差距。

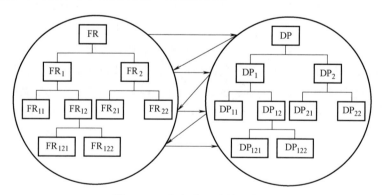

图 13-8 "之字形"映射示意图

13.5.3 质量功能配置

质量功能配置（Quality Function Deployment，QFD）又称质量功能展开，是由赤尾洋二和水野滋两位日本教授于 20 世纪 60 年代作为一项质量管理系统提出的。从质量保证的角度

出发，通过一定的市场调查以获取顾客需求，并采用矩阵图解法将对顾客需求实现过程分解到产品开发的各个过程和各职能部门中去，通过协调各部门的工作以保证最终产品质量，使设计和制造的产品能真正满足客户的需求。简言之，QFD 是一种顾客驱动的产品开发方法。通过质量屋（HOQ，House of Quality）建立用户要求与设计要求之间的关系，这种形式可支持设计及制造的全过程，如图 13-9 所示。

具体而言，QFD 包括以下典型步骤：

1）确定目标顾客。

2）调查顾客要求，确定各项要求的重要性。

3）根据顾客要求，确定最终产品应具备的特性。

4）分析产品的每一特性与满足顾客各项要求之间的关联程度，如通过回答"有更好的解决办法吗"等问题确保找出那些与顾客要求有密切关系的特性。

5）评估产品的市场竞争力。可以向顾客询问"这家公司的产品好在哪里"，据此可以了解产品在市场的优势、劣势及需要改进的地方，并请顾客就该公司产品及竞争对手产品对其要求的满足程度作出评价。

6）确定各产品特性的改进方向。

7）选定需要确保的产品特性，并确定其目标值。

经过不断完善，QFD 成为全面质量管理（TQM）中的重要设计工具，并已在很多企业，如日本的造船、汽车等行业得到广泛应用，在美国及其他很多国家的企业中也已有大量应用。对改进产品质量起到了重要作用。概念设计阶段 HOQ 给出了待设计产品明确的设计要求，但并没有给出实现这些要求的具体方法与规则。

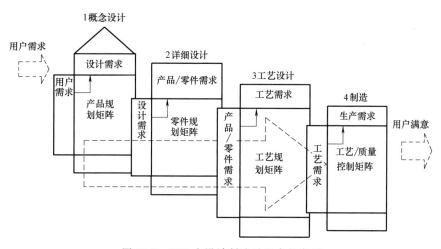

图 13-9 QFD 在设计制造过程中的应用

第14章

机械产品创新设计基础

14.1 基本机构

把连杆机构、凸轮机构、齿轮机构、间歇运动机构等结构最简单且不能再进行分割的闭链机构称为基本机构，或称为机构的基本型。基本机构是机械产品创新设计的基础。

14.1.1 连杆机构

连杆机构（Linkage）又称低副机构，是机械组成部分中的一类，指由若干（两个以上）有确定相对运动的构件用低副（转动副或移动副）连接组成的机构。常见的连杆机构基本型如图 14-1 所示。

14.1.2 凸轮类机构

凸轮机构是一种常见的运动机构，由凸轮、从动件和机架组成的高副机构。当从动件的位移、速度和加速度必须严格按照预定规律变化时，尤其当原动件作连续运动而从动件必须作间歇运动时，则采用凸轮机构最为简便。凸轮从动件的运动规律取决于凸轮的轮廓线或凹槽的形状，凸轮可将连续的旋转运动转化为往复的直线运动，可以实现复杂的运动规律。凸轮机构广泛应用于轻工、纺织、食品、交通运输、机械传动等领域。

凸轮类机构基本型主要有两类：平面凸轮结构和圆柱凸轮机构，如图 14-2 所示，前者包括直动从动件盘形凸轮机构（图 14-2a）、摆动从动件盘形凸轮机构（图 14-2b），后者包括直动从动件圆柱凸轮机构（图 14-2c）、摆动从动件圆柱凸轮机构（图 14-2d）。

14.1.3 齿轮类机构

齿轮机构是现代机械应用最广泛的传动机构之一，它可以用于传递空间任意两轴之间的运动和动力，具有传动功率范围大、效率高、传动比准确、使用寿命长、工作安全可靠等特点。

齿轮机构是一种高副机构，在各种机械设备中得到广泛应用。齿轮传动属于啮合传动，它的主要优点是：瞬时传动比恒定；适用的圆周速度和功率范围大；传动效率高（可达 0.99）；工作可靠，寿命长（可达 10~20 年）；结构紧凑。其缺点是：齿轮制造比较复杂、

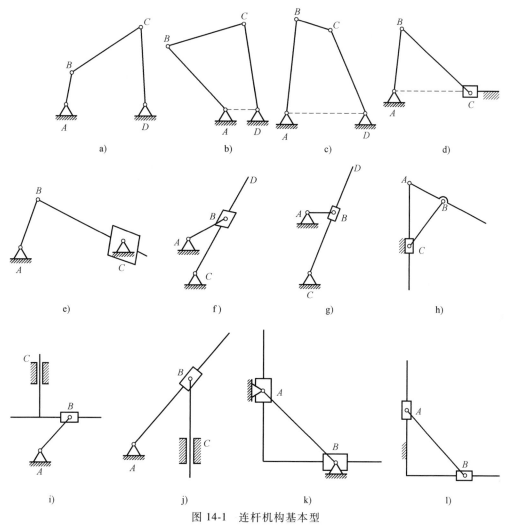

图 14-1　连杆机构基本型

a）、d）、e）曲柄摇杆机构　b）双曲柄机构　c）双摇杆机构　f）转动导杆机构　g）摆动导杆机构

h）移动导杆机构　i）正弦机构　j）正切机构　k）双摆块机构　l）双滑块机构

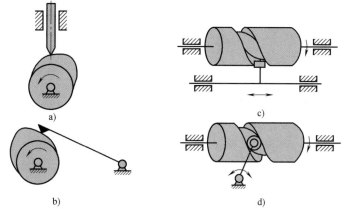

图 14-2　凸轮类机构基本型

a）直动从动件盘形凸轮机构　b）摆动从动件盘形凸轮机构　c）直动从动件圆柱凸轮机构　d）摆动从动件圆柱凸轮机构

需专用设备；齿轮精度不高时，传动时噪声大、振动和冲击大；不适宜远距离两轴之间的传动。

常见的齿轮及轮系传动机构如图 14-3 所示。

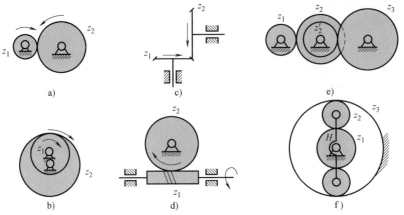

图 14-3　齿轮及轮系传动机构

a）外啮合圆柱齿轮机构　b）内啮合圆柱齿轮机构　c）圆锥齿轮机构　d）涡轮蜗杆机构　e）、f）行星齿轮机构

14.1.4　间歇运动机构

间歇运动机构是指有些机械需要其构件周期地运动和停歇。能够将原动件的连续转动转变为从动件周期性运动和停歇的机构，可分为单向运动和往复运动两类。例如牛头刨床工作台的横向进给运动、电影放映机的送片运动等都使用了间歇运动机构。常见的间歇运动机构如图 14-4 所示。

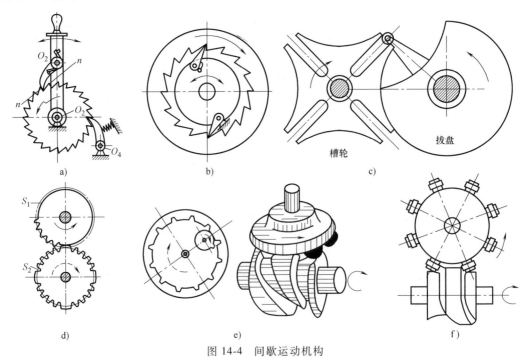

图 14-4　间歇运动机构

a）外棘轮机构　b）内棘轮机构　c）槽轮机构　d）不完全齿轮机构　e）凸轮间歇运动机构　f）蜗杆凸轮间歇运动机构

14.1.5　其他常用机构

（1）螺旋传动机构　螺旋机构由螺杆、螺母和机架组成，依靠螺母与螺杆的螺牙面旋合可以将旋转运动转换为直线运动。螺旋传动机构的机械效率一般较低，但它能获得很大的减速比，实现准确定位，同时具有自锁性能。从运动形式上说，它可以固定两端通过螺杆旋转实现螺母的直线运动，也可以固定螺母，实现螺杆的左右伸出。常见的螺旋传动机构如图 14-5 所示。

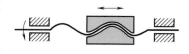

（2）摩擦轮传动机构　摩擦轮传动是指利用两个或两个以上互相压紧的轮子间的摩擦力传递动力和运动的机械传动。摩擦轮传动可分为定传动比传动和变传动比传动两类。而定传动比摩擦轮传动分为圆柱平摩擦轮传动（图 14-6a）、圆柱槽摩擦轮传动（图 14-6c）和圆锥摩擦轮传动（图 14-6b）3 种型式。常见摩擦轮传动机构示意图如图 14-6 所示。

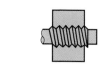

图 14-5　螺旋传动机构

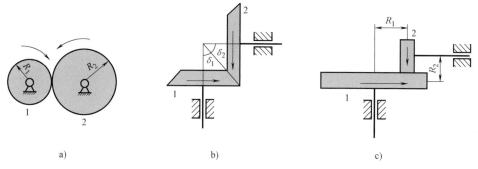

图 14-6　常见摩擦轮传动机构示意图

（3）瞬心线机构　两个作确定相对运动的构件，每一个瞬时都有一个瞬心，将这两个构件上所有瞬心连接起来，就得到一条瞬心点的轨迹曲线，称为瞬心线。固定构件（机架）上的瞬心线称为定瞬心线；运动构件上的瞬心线称为动瞬心线。

瞬心线机构是把主动轮的转动转换为不等速的从动轮转动的机构，其机构种类很多，但其设计原理基本相同。图 14-7a 所示为椭圆形瞬心线机构，如轮 1 转角为 φ_1、椭圆的偏心率为 e（偏心率等于椭圆焦点间距与其长轴直径之比），其传动比为

$$i_{12} = \frac{\omega_1}{\omega_2} = \frac{BP}{AP} = \frac{1 - 2e\cos\varphi_1 + e^2}{1 - e^2}$$

由上式可知，从动椭圆轮作周期性的变速转动。图 14-7b 所示为四叶卵形线轮传动，其传动比为

$$i_{12} = \frac{\omega_1}{\omega_2} = \frac{BP}{AP}$$

由于两轮的接触点 P 不断变化，其传动比也是变量。

（4）万向联轴器　万向联轴器是用来连接不同机构中的两根轴（主动轴和从动轴），使之共同旋转，以传递转矩的机械零件。它能使两轴在轴线存在夹角的情况下实现所连接的两

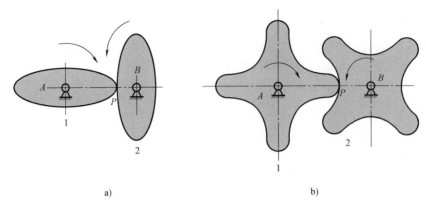

图 14-7　瞬心线机构

a）椭圆形瞬心线机构　b）四叶卵形线轮传动

轴连续回转，并可靠地传递转矩和运动。万向联轴器最大的特点是：其结构有较大的角向补偿能力，结构紧凑，传动效率高。不同结构形式万向联轴器的两轴线夹角不相同，一般为 $5° \sim 45°$。万向联轴器示意图如图 14-8 所示。在高速重载的动力传动中，有些联轴器还有缓冲、减振和提高轴系动态性能的作用。联轴器由两半部分（主动叉和从动叉）组成，分别与主动轴和从动轴连接。一般动力机大都借助联轴器与工作机相连。

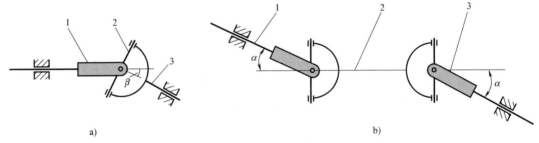

图 14-8　万向联轴器示意图

1—主动叉　2—中间连接件　3—从动叉

（5）挠性传动机构　主、从动件之间靠挠性构件连接起来，常称为挠性传动机构。典型的挠性传动机构有绳索传动机构（图 14-9）、带传动机构（图 14-10）和链传动机构（图 14-11）。

1）绳索传动机构。绳索传动是靠紧绕在槽轮上的绳索与槽轮间的摩擦力来传

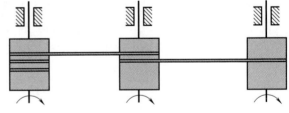

图 14-9　绳索传动机构示意图

递动力和运动的机械传动机构。传动用的绳索有涤纶绳索和钢丝绳索等，以固定及导向绳索，轮上一般开有绳槽。绳索传动的主要优点是：能传递长距离的平行轴或任意位置轴之间的旋转运动和直线运动，传动零件结构简单、加工方便，传动平稳，无噪声、振动和冲击。其缺点是：传动精度低，只适用于传递较小的力和力矩。

2）带传动机构。带传动是利用张紧在带轮上的柔性带进行运动或动力传递的一种机械

传动。根据传动原理的不同，有依靠带与带轮间的摩擦力传动的摩擦型带传动，也有依靠带与带轮上的齿相互啮合传动的同步带传动。带传动具有结构简单、传动平稳、能缓冲吸振，可以在大的轴间距和多轴间传递动力，且其造价低廉、无需润滑、维护容易等特点，在近代机械传动中应用十分广泛。摩擦型带传动具有过载打滑、运转噪声低的特点，但传动比不准确（滑动率在2%以下）；同步带传动可保证传动同步，但对载荷变动的吸收能力稍差，高速运转有噪声。带传动除用于传递动力外，有时也用于输送物料、进行零件的整列等。

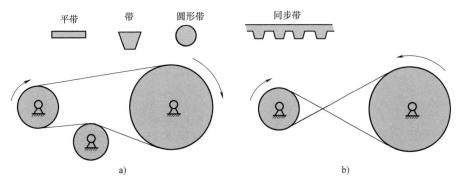

图 14-10　带传动机构示意图

3）链传动机构。链传动是通过链条将具有特殊齿形的主动链轮的运动和动力传递到具有特殊齿形的从动链轮的一种传动方式。链传动有许多优点，与带传动相比，无弹性滑动和打滑现象，平均传动比准确，工作可靠，效率高；传递功率大，过载能力强，相同工况下传动尺寸小；所需张紧力小，作用于轴上的压力小；能在高温、潮湿、多尘、有污染等恶劣环境中工作。链传动的缺点主要有：仅能用于两平行轴间的传动；成本高，易磨损，易伸长，传动平稳性差，运转时会产生附加动载荷、振动、冲击和噪声，不宜用于急速反向的传动中。

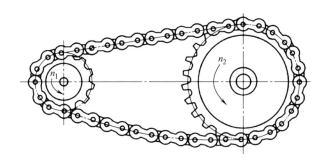

图 14-11　链传动机构示意图

14.2　组合机构

工程中的实用机械，很少由一个简单的基本机构组成，大多数是由若干个基本机构通过各种连接方法组合成的。机构组合的原理是指将几个基本机构按一定的原则或规律组合在一起形成一个复杂机构，其中把几种基本机构组合在一起，成为一个性能更完善、运动形式更多样化的新机构，称为组合机构。如果几种基本机构组合在一起，在新的组合机构中，各基本机构仍然保持着各自的特征，但各个机构的运动相互协调配合能实现新的运动，这种组合称为机构组合。常用的机构组合方法有：利用机构的组成原理，不断连接各类杆组，得到复杂机构系统；按照串联/并联/叠加/封闭等规则组合成基本机构，得到复杂机构系统。

14.2.1　串联组合方式

（1）基本概念　前一个机构（称为前置机构）的输出构件与后一个机构（称为后置机构）的输入构件刚性连接在一起，称为串联组合。其特征是前置机构和后置机构都是单自由度的机构。

（2）串联组合类型

1）Ⅰ型。后置机构的主动件和前置机构的连架杆固接的组合方式称为Ⅰ型串联组合，如图 14-12a）所示。

2）Ⅱ型。后置机构的主动件不与前置机构的连架杆相连接，而是连接在前置机构作复杂运动的杆件上，这种组合方式称为Ⅱ型串联组合，如图 14-12b）所示。

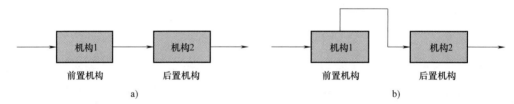

图 14-12　机构的串联组合框图

a）Ⅰ型串联　b）Ⅱ型串联

（3）组合示例　图 14-13a）为连杆机构和曲柄滑块机构串联，后置曲柄滑块机构的主动杆与连杆机构的机架固联在点 D，此种情况为Ⅰ型串联组合机构。图 14-13b）为连杆机构与齿轮机构Ⅱ型串联，齿轮机构的小齿轮铰接在连杆机构的大齿轮上，连杆机构的运动带动大齿轮的圆心 O_1 摆动，从而实现小齿轮绕 O_2 点旋转。

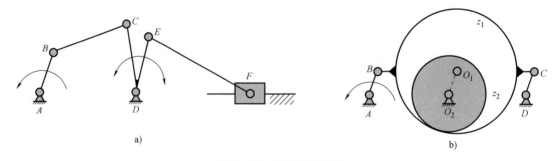

图 14-13　串联机构示例

a）Ⅰ型串联　b）Ⅱ型串联

14.2.2　并联组合方式

（1）基本概念　若干个基本机械并列布置，称为并联组合。从形式上看，若干个单自由度基本机构的输入构件连接在一起，保留各自的输出运动；或若干个单自由度机构的输出构件连接在一起，保留各自的输入运动；或输入构件连接在一起、输出构件也连接在一起；这些均称为并行连接。其特征是各基本机构均为单自由度机构。

（2）并联组合类型　并联组合方式可以细分为Ⅰ型、Ⅱ型和Ⅲ型，如图 14-14 所示。

1）Ⅰ型并联。每个基本机构具有各自的输入构件，共用一个输出构件则称为Ⅰ型并联。Ⅰ型并联相当于运动的合成，其主要功能是对输出构件运动形式的补充、加强和改善。可实现运动的合成，这类组合方法是设计多缸发动机的理论依据。图 14-15a 所示为四个主动滑块的移动共同驱动一个曲柄的输出。

2）Ⅱ型并联。各个基本构件的输入连接在一起，输出也连接在一起的组合，称为Ⅱ型并联，常应用在压力机中。如图 14-15b 所示压力机机构，图中，共同的输入构件为以 O 为圆心的小带轮，共同输出构件为滑块 KF。

3）Ⅲ型并联。各个基本机构的输入连接在一起，而输出各自独立，称为Ⅲ型并联机构，可实现机构的惯性力完全平衡或部分平衡，还可实现运动的分流。如图 14-15c 所示两曲柄滑块机构的并联组合，图 14-15d 所示为两曲柄摇杆机构的并联组合。

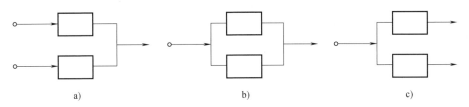

图 14-14　机构的并联组合框图

a）Ⅰ型并联　b）Ⅱ型并联　c）Ⅲ型并联

（3）组合示例　图 14-15a 是四缸发动机的工作原理，四个缸的轴线过共同点 O，当四个活塞分别做直线往复运动时，杆 AB 可以做定轴回转运动，是一种多个输入、共用输出的

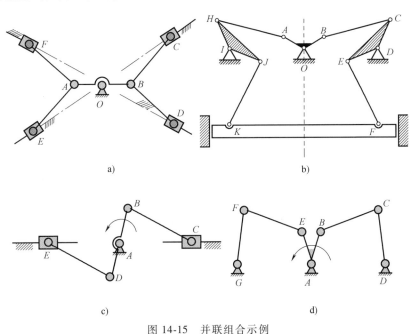

图 14-15　并联组合示例

a）Ⅰ型并联　b）Ⅱ型并联　c）、d）Ⅲ型并联

Ⅰ型并联组合，具有良好的平衡和减振作用。图 14-15b 是压床的工作原理，输入运动为带轮 *AB* 的回转运动，*AB* 的回转运动作为输入，分别传递给摇摆三角 *HIJ* 和 *CDE*，最终共同输出给压板 *KF*，该机构共用输入和输出，是一种Ⅱ型并联组合，该机构能有效改善杆件的受力状态。图 14-15c、d 分别为共输入两输出的曲柄滑块机构和曲柄摇杆机构。

14.2.3 叠加组合方式

（1）基本概念　机构叠加组合是指在一个机构的可动构件上再安装一个以上机构的组合方式。其中，支撑其他机构的机构称为基础机构，安装在基础机构的可动构件上面的机构称为附加机构。叠加组合机构的主要功能是实现特定的输出，完成复杂的工艺动作。

（2）叠加组合类型

1）Ⅰ型。如图 14-16a 所示，此组合中，驱动力作用在附加机构上（或者说主动机构为附加机构/或由附加机构输入运动）。附加机构在驱动基础机构运动的同时，也可以有自己的运动输出。附加机构安装在基础机构的可动构件上，同时附加机构的输出构件驱动基础机构的某个构件。

2）Ⅱ型。如图 14-16b 所示，此组合中，附加机构和基础机构分别有各自的动力源（或有各自的运动输入构件），最后由附加机构输出运动。其特点是：附加机构安装在基础机构的可动构件上，再由设置在基础机构可动构件上的动力源驱动附加机构运动。多次叠加时，前一个机构即为后一个机构的基础机构。

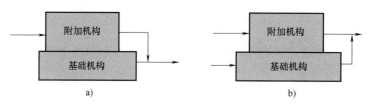

图 14-16　机构的并联组合框图

a）Ⅰ型叠加机构　b）Ⅱ型叠加机构

（3）组合示例　图 14-17 所示为Ⅰ型叠加组合，蜗杆传动机构作为附加机构，行星轮系机构作为基础机构，在轮系杆上叠加蜗杆机构。蜗杆传动机构安装在行星轮系机构的系杆 *H* 上，由蜗轮给行星轮提供输入运动，带动系杆缓慢转动。附加机构驱动扇叶转动，并通过基础机构的运动实现附加机构 360°全方位慢速转动。

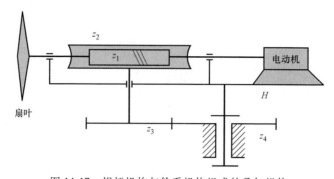

图 14-17　蜗杆机构与轮系机构组成的叠加机构

图 14-18 所示为 Ⅱ 型叠加组合，工业机械手的手指 A 为一开式运动链机构，安装在水平移动的气缸 B 的活塞杆上，而气缸 B 叠加在链传动机构的回转链轮 C 上，链传动机构又叠加在 X 形连杆机构 D 的连杆上，使机械手的终端实现上下移动、回转运动、水平移动以及机械手本身的手腕转动和手指抓取的多自由度、多方位动作效果，以适应各种场合的作业要求。

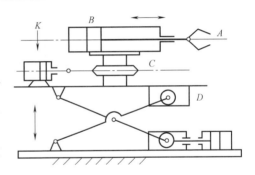

14.2.4　封闭组合方式

（1）基本概念　一个两自由度机构中的两个输入构件（或两个输出构件或一个输入一个输出构件）用单自由度的机构连接起来，形成一个单自由度的机构系统，称为封闭式连接。其特征

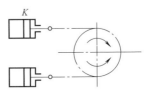

图 14-18　圆柱坐标型工业机械手

是基础机构为二自由度机构，附加机构为单自由度机构。

（2）封闭组合类型　基础机构和附加机构的种类不同，所得到的组合机构不同，其设计方法也有所不同。根据封闭式机构输入与输出特性的不同，共有 3 种封闭组合方法，如图 14-19 所示。

1）Ⅰ型封闭组合机构。1 个单自由度附加机构封闭基础机构的两个输入或输出。如图 14-19a 所示。

2）Ⅱ型封闭组合机构。2 个单自由度附加机构封闭基础机构的两个输入或输出。如图 14-19b 所示。

3）Ⅲ型封闭组合机构。1 个单自由度附加机构封闭基础机构的输入输出各 1 个。如图 14-19c 所示。

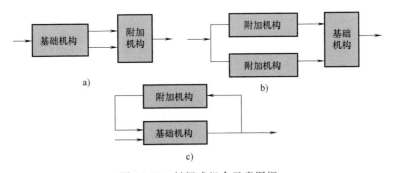

图 14-19　封闭式组合示意图框

a）Ⅰ型封闭组合机构　b）Ⅱ型封闭组合机构　c）Ⅲ型封闭组合机构

（3）组合示例　图 14-20a 所示为差动轮系，2 自由度差动轮系给定任何两个输入运动（如齿轮 1、3）可实现系杆的预期输出运动。在齿轮 1、3 间组合附加定轴轮系（齿轮 4/5/6 组成）后，可获得 Ⅰ 型封闭组合机构，如图 14-20b 所示。调整定轴轮系传动比，可得到任意预期系杆转数。把系杆 H 的输出运动通过定轴轮系（齿轮 4/5/6）反馈到输入构件（齿轮 3）后，可得到 Ⅲ 型封闭组合机构。

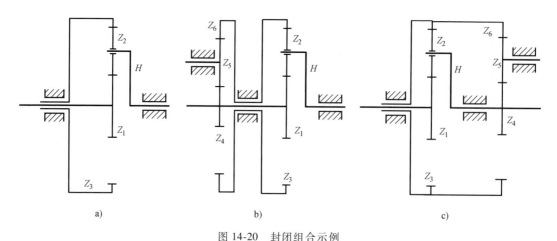

图 14-20　封闭组合示例

a）差动轮系　b）Ⅰ型封闭组合机构　c）Ⅲ型封闭组合机构

14.3　机构演化、变异

以某机构为原始机构，在其基础上对组成机构的各个元素进行各种性质的改变或变换，而形成一种功能不同或性能改进的机构，称为机构演化或变异。通过演化与变异而获得的新功能机构称为变异机构。进行各种性质的改变与变换主要包括：对机构各个元素形状和尺寸的改变、运动形式的变换、运动等效的变换、组成原理的仿效等。

14.3.1　机架变换

机构的机架变换是指机构内的运动构件与机架的互相转换，或称为机构的倒置。按照相对运动原理，机架变换后，机构内各构件的相对运动关系不变，而绝对运动却发生了改变。

1. 低副机构的机架变换

（1）低副运动的可逆性　以低副相连接的两构件之间的相对运动关系，不会因取其中哪一个构件为机架而改变的性质称为低副运动的可逆性，即无论选择哪个构件为机架，机构各构件间相对运动不变。利用这个性质，选择不同构件为机架可得到不同形式的机构，以实现所需要的运动。

（2）低副机构的机架变换　铰链四杆机构是平面四杆机构的基本形式，其他形式的四杆机构都可以认为是其结构的演化形式。例如图 14-21 的四杆机构，当选择 AD 为机架时，AB、CD 变为连架杆，BC 为连杆时就会形成曲柄摇杆机构，如图 14-21a，曲柄 AB 可以绕 A 点做圆周运动，CD 绕 D 点在一定范围内摆动，这种机构应用非常广泛，例如雷达天线的俯仰角调整机构等。当选择 AB 杆为机架时，BC、AD 变成连架杆，两连架杆均可以绕各自的连接点作圆周运动，此时为双曲柄机构（图 14-21b）。当选择 CD 为机架时，AD、BC 能在一定范围内摆动，此时为双摇杆机构（图 14-21c）。由此可以看出，这些运动形式都是由同一种运动链通过机架变换得到的。

在图 14-22a 所示的对心曲柄滑块机构中，若选择构件 AB 作为机架，则演变成转动导杆机构，如图 14-22b 所示滑块 C 在导杆 AC 上移动，导杆 AC 同时还绕点 A 作整周转动，因此称为转

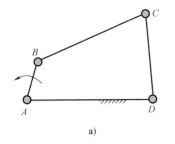
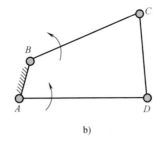
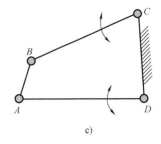

图 14-21　曲柄摇杆机构的机架变换

a) 曲柄摇杆机构　b) 双曲柄机构　c) 双摇杆机构

动导杆机构，小型的牛头刨床就使用转动导杆机构；若选择构件 BC 作为机架，则演变成曲柄摇块机构，如图 14-22c 所示，滑块只能绕点 C 摆动，称为摇块，此结构在自卸车辆上有广泛的应用；若选择构件 C 作为机架，则演变成移动导杆机构，又称定块机构，如图 14-22d 所示，此时滑块 C 固定不动，构件 AC 在滑块中往复移动，手压抽水机就是典型的移动导杆机构。

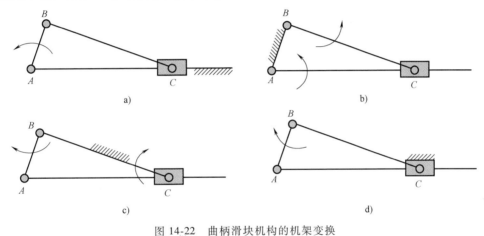

图 14-22　曲柄滑块机构的机架变换

a) 曲柄滑块机构　b) 转动导杆机构　c) 曲柄摇块机构　d) 移动导杆机构

图 14-23 为双滑块机构的机架变换，当选择滑块 B 为机架时，双滑块机构就演变成正弦机构，如图 14-23b 所示，当选择构件 AB 为机架时，双滑块机构就演变成双转块机构，如图 14-23c 所示。

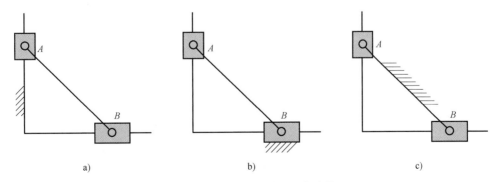

图 14-23　双滑块机构的机架变换

a) 双滑块机构　b) 正弦机构　c) 双转块机构

2. 高副机构的机架变换

图 14-24 为齿轮高副机构的机架变换示例，图 14-24a 为定轴齿轮机构，机架为两齿轮的连接杆，此时两齿轮只能绕自身的圆心转动，如果小齿轮 z_1 是主动件，则构成减速机构；如果大齿轮 z_2 为主动件则构成升速机构。图 14-24b 把机架换成大齿轮 z_2，则机构转换成齿轮行星机构。但需注意，对于挠性件传动机构，必须用能够相互啮合的传动机构，如链传动、齿形带传动等，只靠摩擦力工作的平带、V 带等机构不适合采用这种机架变换。

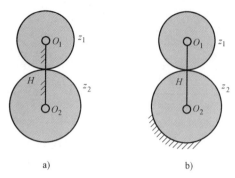

图 14-24　齿轮机构的机架变换
a）定轴齿轮机构　b）齿轮行星机构

定轴齿轮传动机构经过机架变换之后可得到行星齿轮传动机构。在该机构运用前面提到的机构组合方法便可变换出各种各样的周转轮系，满足不同工况下对速度和运动的需求。

图 14-25 所示为凸轮机构的机架变换，图 14-25a 为滚子直动从动件盘形凸轮，圆盘凸轮为主动输入，绕 O 点旋转运动，从动件末端的滚子与凸轮依靠重力接触并相对滚动，带动从动杆做上下直线往复运动；对图 14-25a 进行机架变换，选择凸轮为机架则变换成图 14-25b 所示的机构，此时凸轮固定，从动件末端的滚子依然沿凸轮轮廓线滚动，带动从动杆做上下往复运动，其运动规律完全由凸轮的轮廓形状决定；若选择从动杆为机架，则 14-25a 变换成 14-25c 所示的机构，此时凸轮一边绕 O 点自转，一边受凸轮廓形的约束沿导杆上下移动。

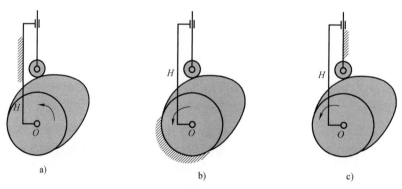

图 14-25　凸轮机构的机架变换
a）推杆移动　b）推杆边自转边移动　c）凸轮边自转边移动

14.3.2　构件形状变异

改变构件的结构形状可以解决机构运动不确定和机构因结构原因无法正常运动等问题。

1. 避免构件之间的运动干涉

在进行机构结构运动设计时，需要考虑各运动构件的运动空间和相互干涉问题。图 14-26a 为简单的曲柄滑块机构，在很多场合有广泛的应用，公交汽车车门开启运动机构采用的就是曲柄滑块机构，但是在应用的过程中，如果使用直柄曲柄会发生曲柄与启闭机构的箱体发生碰撞的情况，为了避免碰撞，需要把曲柄也做成弯臂状，如图 14-26b 所示。

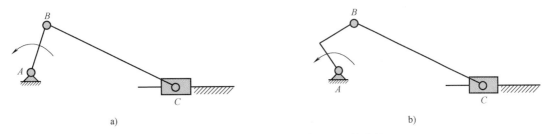

图 14-26　曲柄滑块机构中曲柄的形状变异

图 14-27a 为变异前的凸轮摆杆机构，运动过程中摆杆和凸轮的轮廓会发生干涉，为了避免干涉，把摆杆做成弯曲状，避开凸轮的运动轨迹。摆杆形状变异后的结构如图 14-27b、c 所示。

结构运动设计时，除了要避免各构件之间发生干涉，还要注意各构件的强度、刚度等要求。

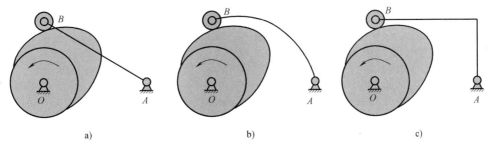

图 14-27　凸轮机构中摆杆的形状变异

2. 满足特定的工作要求

在进行结构设计时，有时为了实现某种特定的运动需求，可以通过构件的形状变异来实现。图 14-28a 所示的曲柄摆块机构中，主动件为曲柄 AB 杆，通过曲柄的旋转带动滑块摆动，此机构应用于插齿机中实现插齿运动。要想把此机构应用到牛头刨床的运动中，则需要把摆块 3 做成杆状，把连杆 2 做成块状，就变成了曲柄摇杆机构，此机构在牛头刨床中应用广泛。

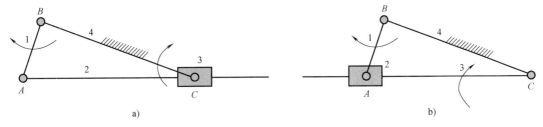

图 14-28　连杆机构中杆块形状变异

如图 14-29a 所示的曲柄滑块机构，将导杆 4 和滑块 3 做成曲线状，则可得到 14-29b 所示的曲柄曲线滑块机构，该机构可应用于弧形门窗的启闭装置。

14.3.3　运动副形状变异

改变机构中运动副的形式，可构造出不同运动性能的机构。运动副的变换方式有很多

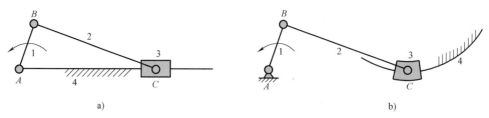

图 14-29　曲柄滑块机构中构件形状变异

种，常用的有高副与低副之间的变换、运动副尺寸的变换和运动副类型的变换。各种运动副的变换方法在机械原理教材中有详细的介绍，在此简要说明。

1. 转动副的变异设计

图 14-30a 为曲柄摇杆机构，将该机构中的转动副 B、C、D 依次扩大后形成图 14-30b 所示的机械装置，该装置的机构简图与 14-30a 相同，具有较高的强度和刚度。

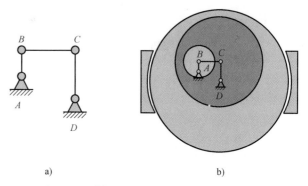

图 14-30　曲柄摇杆机构中转动副的形状变异

图 14-31a 所示的铰链四杆机构，把转动副 D 尺寸变大，把转动副 C 变换成滑块形状（图 14-31c），进一步加大杆件 3 的尺寸，则圆弧槽的半径也随之增大，到 DC 趋近于无穷大时，圆弧槽演变成为直槽（图 14-31d），即铰链四杆机构变换成了曲柄滑块机构。若把滑块 3 改成滚子，则它与圆弧槽形成滚动副（图 14-31e），若将圆弧槽变成为曲线槽，形成以凸轮为机架的凸轮机构（图 14-31f），则构件 2 将得到更为复杂的运动轨迹。

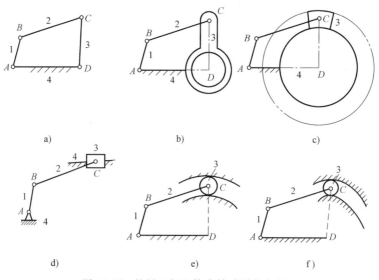

图 14-31　铰链四杆机构中转动副的变异

如图 14-32 所示的曲柄滑块机构，当载荷较大时，转动副 C 的强度和刚度为薄弱环节，此时可以把转动副 C 的销轴做成球状，上面与滑块底面的球形凹槽接触，下面做成与偏心盘等半径的弧面，其运动形式不变，但承载能力可大大提高。

2. 移动副的变异设计

图 14-33 所示机构为滑块扩大示意图。该结构由常见的曲柄滑块机构经滑块尺寸扩大变换而来，滑块扩大后，其他构件都被包容在滑块内部，适合应用于剪床或压力机之类的工作装置中。图 14-34 所示为直线移动凸轮机构，如果改变凸轮外形，使其包裹在圆柱面上，此时凸轮的廓线就变成了螺旋线，移动凸轮机构就变成了螺旋机构。

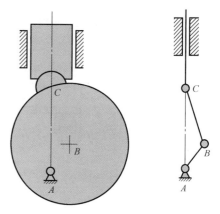

图 14-32　转动副的变异

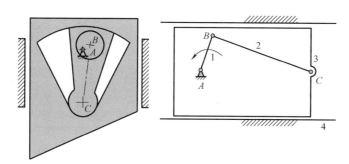

图 14-33　滑块扩大示意图

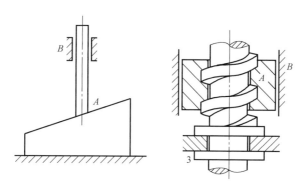

图 14-34　移动凸轮副的变异

如果把称动副的滑块变成圆球，则移动副就变成了滚动副（图 14-35a），这样能有效降低接触表面的摩擦系数。在移动副的变异设计中要注意移动副的构件相互脱离，因此有时需要添加适当的约束。图 14-35b～d 在各种移动导轨中经常见到。

14.3.4　运动副等效代换

运动副的等效代换是指在不改变运动副自由度的条件下，用平面运动副代替空间运动副，或用低副替换高副，进行运动副的等效代换时，必须保证不改变运动副的运动特性，即代替前后两机构的自由度必须完全相同；代替前后两机构的瞬时速度和瞬时加速度必须完全相同。

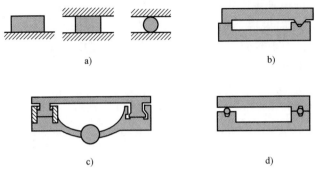

图 14-35　移动副的形状变异

1. 空间运动副与平面运动副的等效替换

常用的空间机构中主要有球面副、球销副和圆柱副。其中球面副通常出现在机构主动件的连接处，这给机构的运动控制带来了许多不便，这时可以利用三个轴线相交的转动副代替球面副。图 14-36a 所示 $SSRR$ 空间四杆机构中，若以 SS 杆为主动件，则难以控制主动件的运动。这时可用图 14-36b 所示的三个转动副代替球面副，各转动副的轴线共同通过点 O，每个转轴由一个独立的电动机驱动，每个转轴都可以方便地进行精确控制，各轴转角的合成运动即为空间转动，各轴角速度的合成角速度即为曲柄的角速度。

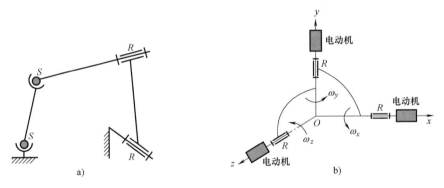

图 14-36　球面副与转动副的等效替换

2. 高副与低副的等效代换

为了便于对含有高副的平面机构进行分析，可以将机构中的高副根据一定的条件虚拟地以低副代替，这种高副以低副来代替的方法称为高副与低副的等效代换，简称高副低代。进行高副低代必须满足两个条件：①代替前后机构的自由度完全相同；②代替前后机构的瞬时速度和瞬时加速度完全相同。

如图 14-37a 所示，其高副两元素分别为圆 B 和圆 C，在两者相对运动过程中，圆 C 绕着点 D 转动，圆 B 绕着 A 点转动，形成了偏心盘凸轮机构，如果找到圆盘 B 的中心，并把 BC 点连接起来就会发现，在机构运动过程中，BC 之间的距离始终保持不变，因此，如果我们设想在 B、C 之间加上一个虚拟的构件，并分别在点 B 和点 C 处形成转动副以代替两圆弧所构成的高副，此时该机构变换成为曲柄摇杆机构，如图 14-37b 所示，并且机构的运动并不发生任何改变，完全满足高副低代的两个条件。因此，在平面机构进行高副低代时，为了满足两个前提条件，只需要用一个虚拟构件分别在高副两元素接触点的曲率中心处与构成该高副的两构件以转动副相连即可。

图 14-37c 所示机构中构成高副的其中一个元素是直线，可把该直线看成曲率中心在无穷远处的圆，此时该处的转动副就转化为移动副。高副低代之后的机构如图 14-37d 所示。

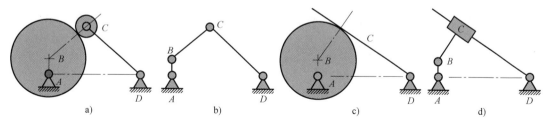

图 14-37　偏心盘凸轮机构的等效代替机构

3. 滑动摩擦副与滚动摩擦副的等效变换

运动副按运动方式不同可分为转动副和移动副，构成运动副的两构件接触面之间产生相对滑动的是滑动摩擦副，接触面之间相对滚动的是滚动摩擦副，滑动摩擦副的摩擦系数较大，两接触面的磨损也较大，但是滑动摩擦副结构简单，可以承受较大的载荷；滚动摩擦副通常使用圆球或圆柱作为滚动体，能有效降低摩擦系数使运动灵活，但滚动摩擦副的承载能力稍差，不适合重载的场合。

因此，运动副的等效代换一般要和工程需求紧密联系。

第15章

机械产品建模与仿真

15.1 计算机建模基础

15.1.1 图形几何变换

图形几何变换是构造 CAD 系统的基础之一。构成图形的最基本要素是点，因此可以用点的集合来表示平面的式空间的图形，写矩阵形式为

$$\begin{bmatrix} x_1 & y_1 \\ x_2 & y_2 \\ \cdots \\ \cdots \\ x_n & y_n \end{bmatrix}_{n \times 3} \cdot \begin{bmatrix} x_1 & y_1 & z_1 \\ x_2 & y_2 & z_2 \\ & \cdots & \\ & \cdots & \\ x_n & y_n & z_n \end{bmatrix}_{n \times 3}$$

1. 坐标系

（1）世界坐标系　世界坐标系是用于定义用户在二维或三维世界中物体的一种坐标系，符合右手定则，定义域为实数域。

（2）设备坐标系　设备坐标系是图形输出设备相关联的一种坐标系，或称物理坐标系。它是二维平面坐标系，单位是步长或像素，定义域为整数域且有界。

（3）规范化坐标系　规范化坐标系是一种假想的标准设备坐标系，无量纲，取值范围是左下角（0.0,0.0）、右上角（1.0,1.0）。通过使应用程序与具体设备隔离开，增强了应用程序的可移植性。

（4）局部坐标系　用户在构造图形对象时引入的一种相对世界坐标系的坐标系，以简化局部建模，称为局部坐标系。

（5）为了便于图形变换而引入的一种坐标系　点 (x,y,z) 的坐标值不是唯一的，$(x,z,1)$、$(2x,2y,2z,2)$、$(3x,3y,3z,3)$ 等都是它的齐次坐标，其中 $(x,y,z,1)$ 成为它的规范化齐次坐标。

2. 二维变换

二维变换的一般矩阵表达式为

$$T = \begin{bmatrix} a & b & p \\ c & d & q \\ l & m & s \end{bmatrix}$$

其中矩阵 $\begin{bmatrix} a & b \\ c & d \end{bmatrix}$ 可以实现图形的比例、对称、错切、旋转等基本变换；矩阵 $\begin{bmatrix} l & m \end{bmatrix}$ 可以实现图形的平移变换；矩阵 $\begin{bmatrix} p & q \end{bmatrix}^{\mathrm{T}}$ 可以实现图形的透视变换；$\begin{bmatrix} s \end{bmatrix}$ 可以实现图形的全比例变换。

3. 三维变换

三维变换是二维变换的扩展，其变换矩阵为

$$T = \begin{bmatrix} a & b & c & p \\ d & e & f & q \\ h & i & j & r \\ l & m & n & s \end{bmatrix}$$

通过变换，齐次坐标点 $(x, y, z, 1)$ 被变换成 $(x', y', z', 1)$：

$$\begin{bmatrix} x & y & z & 1 \end{bmatrix}^{\mathrm{T}} = \begin{bmatrix} x' & y' & z' & 1 \end{bmatrix}$$

15.1.2　几何造型基础

几何造型技术是计算机图形学在三维空间的具体应用，是计算机辅助设计和制造的核心。离散造型和曲面造型是两种主要的几何造型方法。离散造型是采用离散的平面来表示曲面，通过设定离散化精度，控制几何造型拟合真实物体的程度。离散造型技术方法简单，但是由于曲面离散化后，面数急剧增加，增加了系统的数据量，占用大量的存储空间，并对特定的类型需要有特定的离散算法，因此在应用上有一定的局限性，通常和其他造型方法混合使用。

1. 曲线

曲面生成以曲线参数化为基础，常用的参数曲线有以下三种

（1）Bezier 曲线

$$C(t) = \sum_{i=1}^{n} P_i, B_{i,n}(t) \qquad 0 \leqslant t \leqslant 1$$

P_i 构成该曲线的种的特征多边形，其中

$$B_{i,n}(t) = t^i (1-t)^{n-i} n! \ / i! \ (n-i)! \ = C_n^i t^i (1-t)^{n-i}, \qquad i = 0, 1, \cdots, n$$

Bezier 曲线性质：

1）对称性。若保持原 Bezier 曲线的全部顶点位置不变，只是反次序颠倒则新的 Bezier 曲线开关不变，只是走向相反。

2）凸包性。由于 t 在 $[0, 1]$ 区间变化时，对某一个 t 值，C 在几何图形上，意味着 Bezier 曲线 $C(t)$ 是 P_i 各点的凸线性组合，并且曲线上各点均落在 Bezier 特征多边形构成的凸包之中。

3）几何不变性。某些几何特性不随一定的坐标变换而变化的性质称为几何不变性。Bezier 曲线的位置及形状仅与其特征多边形顶点的位置有关，它不依赖坐标系的选择。

（2）B 样条曲线

1）均匀 B 样条函数

$$C(u) = \sum_{i=1}^{n} P_i N_{i,k}(u)$$

式中，$N_{i,k}(u) = \begin{cases} 1 & t_i \le u \le t_{i+1} \\ 0 & 其他 \end{cases}$

2）非均匀 B 样条函数

$$N_{i,k}(u) = \frac{(u-t_i)N_{i,k-1}(u)}{t_{i+k-1}-t_i} + \frac{(t_{i+k}-u)N_{i+1,k-1}(u)}{t_{i+k}-t_{i+1}}$$

B 样条曲线性质：

1）局部性。在区间 (t_i, t_{i+k}) 中为正，在其他地方为 0，这使得 k 阶 B 样条曲线在修改时只被相邻的 k 个顶点控制，而与其他顶点无关。当移动一个顶点时，只对其中一段曲线有影响，并不对整条曲线有影响。

2）连续性。B 样条曲线在 t_i 处有 L 重节点的连续性不低于 $(k-L+1)$ 阶，整条曲线的连续性不低于 $(k-L_m+1)$ 内的最大重节点数。

3）几何不变性。B 样条曲线的形状和位置与坐标系的选择无关。

4）变差缩减性。设 $(n+1)$ 个控制点构成 B 样条曲线特征多边形，在该平面内的任意一条直线与 B 样条曲线的交点个数不多于该直线和特征多边形的交点个数。

（3）非均匀有理 B 样条曲线 NURBS　NURBS 曲线是由分段有理 B 样条多项式基函数定义，形式为

$$C(u) = \frac{\sum_{i=0}^{n} W_i \boldsymbol{P}_i N_{i,k}(u)}{\sum_{i=0}^{n} W_i N_{i,k}(u)} = \sum_{i=0}^{n} \boldsymbol{P}_i R_{i,k}(u)$$

式中，$\boldsymbol{P}$ 是特征多边形顶点位置矢量；W_i 是相应控制点 P_i 的权因子；节点向量中节点个数为 $m = n+k+1$，n 为控制点数，k 为 B 样条基函数的次数。

对于 NURBS 曲线，权 W_i 只影响 $[t_i, t_{i+k+1}]$ 区间的形状，即

1）随着 W_i 增/减，β 增/减，则曲线被拉向/拉开 P_i 点。

2）若 W_i 增/减，曲线被拉向/拉开 P_i，$j \ne i$。

3）随 B_i 的运动，它扫描出一条直线段 BP。

4）若 W_i 趋向 P_i，β 则趋向 1，W_i 趋于正无穷。

2. 参数曲面的定义

与曲线一样，曲面也有显式、隐式和参数式，从计算机图形学角度看，参数曲面更便于计算机表示和构造。

（1）矩形域上的参数曲面片　矩形域上由曲线边界包围具有一定连续性的点集面片，用双参数的单值函数表示为

$$\begin{cases} x = x(u,w) \\ y = y(u,w) \quad u,w \in [0,1] \\ z = z(u,w) \end{cases}$$

1）角点。把 u，$w = 1$ 或 0 代入 $p(u, w)$，得到四个角点 $p(0,0)$，$p(0,1)$，$p(1,0)$，

$p(1,1)$，简记为 $p_{0,0}$，$p_{0,1}$，$p_{1,0}$，$p_{1,1}$。

2）边界线。矩形域曲面片的四条边界线是：$p(u,0)$，$p(u,1)$，$p(0,w)$，$p(1,w)$，简记为 $p_{u,0}$，$p_{u,1}$，$p_{0,w}$，$p_{1,w}$。

3）曲面片上一点。该点 $p(u_i,w_j)$ 简记为 p_{ij}。

4）点的切矢。面片上一点的 u 向切矢和 w 向切矢分别表示为 $\boldsymbol{p}_{ij}^u$，$\boldsymbol{p}_{ij}^w$。

（2）常用曲面片的参数表示

1）xy 平面。矩形域平面片的参数表达式为

$$\begin{cases} x=(c-a)u+a \\ y=(d-b)w+b \quad u,w\in[0,1] \\ z=0 \end{cases}$$

2）球面。若一个球的半径为 r，分别以纬度和经度 u、w 为参数变量，其表达式为

$$\begin{cases} x=x_0+r\cos u\cos w \quad u\in[-\pi/2,\pi/2] \\ y=y_0+r\cos u\sin w \quad w\in[0,2\pi] \\ z=z_0+r\sin u \end{cases}$$

3）回转面。若一条由 $[x(u),z(u)]$ 定义的曲线绕 z 轴旋转，将会得到一回转面，其表达式为

$$\begin{cases} x=x(u)\cos w \\ y=y(u)\sin w \quad w\in[0,2\pi] \\ z=z(u) \end{cases}$$

3. Bezier 曲面

可使用两组正交的 Bezier 曲线来设计由控制点描述的物体表面。其定义为

$$s(u,w)=\sum_{i=0}^{m}\sum_{j=0}^{n}B_{i,m}(u)B_{j,n}(w)p_{i,j}$$

$p_{i,j}$ 给定了控制点的位置。Bezier 曲面和 Bezier 曲线有相同的性质，可以提供用于交互式设计的控制方法。对于每个曲面片，选择在"xy"平面上的控制点，然后根据控制点的子坐标值在地平面上选择高度，而这些曲面片可以用边界约束来连接。

4. 线性 Coons 曲面和张量积曲面

（1）线性 Coons 曲面　线性 Coons 曲面是通过四条边界曲线构成的曲面。若给定四条边界曲线，在 u 向进行线性插值，即

$$p_1(u,w)=(1-u)p_{0w}+up_{1w}$$

在 w 向进行线性插值，即

$$p_2(u,w)=(1-u)p_{u0}+up_{u1}$$

若把以上两曲面叠加可得到一新曲面，使其边界正好是所不需要的线性插值边界，在 w 向进行线性插值，得

$$p_3(u,w)=(1-w)[(1-u)p_{00}+up_{10}]+w[(1-u)p_{01}+up_{11}]$$
$$=(1-u)(1-w)p_{00}+u(1-w)p_{10}+(1-u)wp_{01}+uwp_{11}$$

用四条边界曲线构造的曲面，得

$$p_3(u,w)=\begin{bmatrix}(1-u) & u\end{bmatrix}\begin{bmatrix}p_{0w}\\p_{1w}\end{bmatrix}+\begin{bmatrix}p_{u0} & p_{u1}\end{bmatrix}\begin{bmatrix}1-w\\w\end{bmatrix}-\begin{bmatrix}(1-u) & u\end{bmatrix}\begin{bmatrix}p_{00} & p_{01}\\p_{10} & p_{11}\end{bmatrix}\begin{bmatrix}1-w\\w\end{bmatrix}$$

对于该曲面，当 $u=0$，$u=1$，$w=0$，$w=1$ 时对应的四条边界曲线即为已知的 p_{0w}，p_{1w}，p_{u0}，p_{u1} 这四条边界线。

（2）张量积曲面　在上述曲面构造中，若取边界及跨边界的切矢都按同一个调和函数规律变化，则其边界信息可表示成

$$p_{iw}=F_0(w)p_{i0}+F_1(w)p_{i1}+G_0(w)p_{i0}^w+G_1(w)p_{i1}^w$$

$$p_{uj}=F_0(w)p_{0j}+F_1(w)p_{1j}+G_0(w)p_{0j}^w+G_1(w)p_{1j}^w$$

跨界切矢为

$$p_{iw}^u=F_0(w)p_{i1}^u+F_1(w)p_{i1}^u+G_0(w)p_{i0}^{uw}+G_1(w)p_{i1}^{uw}$$

$$p_{uj}^w=F_0(w)p_{0j}^w+F_1(w)p_{1j}^w+G_0(w)p_{0j}^{uw}+G_1(w)p_{1j}^{uw}$$

从而得到

$$p(u,w)=\begin{bmatrix}F_0(u)\,F_1(u)\,G_0(u)\,G_1(u)\end{bmatrix}\begin{bmatrix}p_{00}&p_{01}&p_{00}^w&p_{01}^w\\p_{10}&p_{11}&p_{10}^w&p_{11}^w\\p_{00}^u&p_{01}^u&p_{00}^{uw}&p_{01}^{uw}\\p_{10}^u&p_{11}^u&p_{10}^{uw}&p_{11}^{uw}\end{bmatrix}\begin{bmatrix}F_0(w)\\F_1(w)\\G_0(w)\\G_1(w)\end{bmatrix}$$

定义边界切矢所用的调和函数与构造原来曲面方程所用的调和函数相同，此时曲面片完全由四边形域角点信息矩阵确定，这种类型的曲面称为张量积曲面。

5. B 样条曲面

由均匀 B 样条的性质，可以得到 B 样条曲面的定义。给定 $(m+1)(n+1)$ 空间点列 $p_{ij}(i=0,1,\cdots,m,j=0,1,\cdots,n)$，则下式定义了 $k\times l$ 次 B 样条曲面。

$$s(u,w)=\sum_{i=0}^{m}\sum_{j=0}^{n}p_{ij}N_{i,k}(u)N_{j,l}(w)\qquad u,w\in[0,1]$$

式中，$N_{i,k}(u)$ 表示 k 次 B 样条基函数；$N_{j,l}(w)$ 表示 l 次 B 样条基函数。

（1）均匀双二次 B 样条曲面　已知曲面的控制点 $p_{ij}(i,j=0,1,2)$，构造均匀干净 B 样条曲面的步骤为

1）沿 w 或 u 向构造均匀二次 B 样条曲线，即

$$p_0(w)=\begin{bmatrix}w^2&w&1\end{bmatrix}\begin{bmatrix}1&-2&1\\-2&2&0\\1&1&0\end{bmatrix}\begin{bmatrix}p_{00}\\p_{01}\\p_{02}\end{bmatrix}=WM_B\begin{bmatrix}p_{00}\\p_{01}\\p_{02}\end{bmatrix}$$

转置后　$p_0(w)=\begin{bmatrix}p_{00}&p_{01}&p_{02}\end{bmatrix}M_B^TW^T$

可得　　$p_1(w)=\begin{bmatrix}p_{10}&p_{11}&p_{12}\end{bmatrix}M_B^TW^T$

$$p_2(w)=\begin{bmatrix}p_{20}&p_{21}&p_{22}\end{bmatrix}M_B^TW^T$$

2）沿 u 或 w 向构造均匀二次 B 样条曲线，即可得到均匀双二次 B 样条曲面，即

$$S(u,w)=UM_B\begin{bmatrix}p_0(w)\\p_1(w)\\p_2(w)\end{bmatrix}=UM_B\begin{bmatrix}p_{00}&p_{01}&p_{02}\\p_{10}&p_{11}&p_{12}\\p_{20}&p_{21}&p_{22}\end{bmatrix}M_B^TW^T$$

（2）均匀双三次 B 样条曲面　已知曲面的控制点 $p_{i,j}(i,j=0,1,2,3)$，参数 u，w，且 u，w 均属于闭区间 $[0,1]$，构造均匀双三次 B 样条曲面的步骤为

1) 沿 w 或 u 向构造均匀三次 B 样条曲线，即

$$p_0(w) = \begin{bmatrix} p_{00} & p_{01} & p_{02} & p_{03} \end{bmatrix} M_B^T W^T$$

$$p_1(w) = \begin{bmatrix} p_{10} & p_{11} & p_{12} & p_{13} \end{bmatrix} M_B^T W^T$$

$$p_2(w) = \begin{bmatrix} p_{20} & p_{21} & p_{22} & p_{23} \end{bmatrix} M_B^T W^T$$

$$p_3(w) = \begin{bmatrix} p_{30} & p_{31} & p_{32} & p_{33} \end{bmatrix} M_B^T W^T$$

2) 再沿 u 或 w 向构造均匀三次 B 样条曲线，此时认为顶点 $p_i(w)$ 滑动，每组顶点对应相同的 w，当 w 值由 0 到 1 连续变化时，即可得到均匀双二次 B 样条曲面，此时表达式为

$$S(u,w) = U M_B \begin{bmatrix} p_0(w) \\ p_1(w) \\ p_2(w) \\ p_3(w) \end{bmatrix} = U M_B P M_B^T W^T$$

$$P = \begin{bmatrix} p_{00} & p_{01} & p_{02} & p_{03} \\ p_{10} & p_{11} & p_{12} & p_{13} \\ p_{20} & p_{21} & p_{22} & p_{23} \\ p_{30} & p_{31} & p_{32} & p_{33} \end{bmatrix}$$

6. 非均匀有理 B 样条（NURBS）曲面

（1）NURBS 曲面的定义　由双参数变量分段有理多项式定义的 NURBS 曲面是

$$S(u,v) = \frac{\sum_{i=0}^{m} \sum_{j=0}^{n} W_{ij} p_{ij} N_{i,p}(u) N_{j,q}(v)}{\sum_{i=0}^{m} \sum_{j=0}^{n} W_{ij} N_{i,p}(u) N_{j,q}(v)} \quad u,v \in [0,1]$$

式中，p_{ij} 是矩形域上特征网格控制点列；W_{ij} 是相应控制点的权因子；$N_{i,p}(u)$ 和 $N_{j,q}(v)$ 是 p 阶和 q 阶的 B 样条基函数，它们是在节点矢量 $S\{s_0, s_1, \cdots, s_{m+p+1}\}$ 和 $T\{t_0, t_1, \cdots, t_{n+q+1}\}$ 上定义的，若令

$$R_{ij}(u,v) = \frac{W_{ij} N_{i,p}(u) N_{j,q}(v)}{\sum_{x=0}^{m} \sum_{y=0}^{n} W_{xy} N_{x,p}(u) N_{y,q}(v)}$$

式中，$R_{ij}(u,v)$ 是 NURBS 曲面的分段有理基函数。

若在非均匀参数轴上定义的节点矢量 S，T 具有下述形式

$$S = \{\underbrace{0,0,\cdots,0}_{(p+1)\text{个}}, s_{p+1}, \cdots, s_m, \underbrace{1,1,\cdots,1}_{(p+1)\text{个}}\}$$

$$T = \{\underbrace{0,0,\cdots,0}_{(p+1)\text{个}}, t_{q+1}, \cdots, t_n, \underbrace{1,1,\cdots,1}_{(p+1)\text{个}}\}$$

则由 S、T 定义的曲面是非均匀非周期的有理 B 样条曲面，简称 NURBS 曲面。通常设定权因子 W_{00}、W_{0n}、W_{m0}、$W_{mn} > 0$，$W_{ij} \geq 0$，$(i=1,\cdots,m-1; j=0,\cdots,n-1)$，这样可以保证基函数为非负。节点矢量的定义对曲面的定义和修改也起到重要作用，定义方法可参见非均匀有理 B 样条曲线。

（2）反插节点　若原来定义的控制点网格是 $p_{ij}(i=0,1,\cdots,m;j=0,1,\cdots,n)$，现插入控制点 Q 及权因子 W。此时相当于在 S、T 方向插入控制点，即有

$$Q_s = \frac{(1-\alpha)W_{ij}p_{ij}+\alpha W_{i+1,j}p_{i+1,j}}{(1-\alpha)W_{ij}+\alpha W_{i+1,j}}$$

$$\alpha = \frac{W_{ij}|Q_s-p_{ij}|}{W_{ij}|Q_s-p_{ij}|+W_{i+1,j}|p_{i+1,j}-Q_s|}$$

在 u 处插入的节点应是：$s=s_{i+1}+\alpha(s_{i+p+1}-s_{i+1})$，类似可得到 T 方向插入控制点的公式为

$$Q_t = \frac{(1-\beta)W_{ij}p_{ij}+\beta W_{i,j+1}p_{i,j+1}}{(1-\beta)W_{ij}+\beta W_{i,j+1}}$$

$$\beta = \frac{W_{ij}|Q_t-p_{ij}|}{W_{ij}|Q_t-p_{ij}|+W_{i,j+1}|p_{i,j+1}-Q_t|}$$

$$t = t_{j+1}+\beta(t_{j+q+1}-t_{j+1})$$

（3）修正权因子　权因子 W_{ij} 的修正仅影响 $[s_i,s_{i+p+1}]\times[t_j,t_{j+q+1}]$ 矩形区域的曲面，$u\in[s_i,s_{i+p+1}]$，$v\in[t_j,t_{j+q+1}]$，改变曲面 W_{ij} 的几何意义和修改曲线 W_i 的几何意义相同。其中 $S=S(u,v,W_{ij}=0)$；$M=S(u,v,W_{ij}=1)$；$S_{ij}=S(u,V,W_{ij}\neq0,1)$。

M 和 S_{ij} 可表示为：$M=(1-a)s+ap_{ij}$；$S_{ij}=(1-b)s+bp_{ij}$
其中

$$a = \frac{N_{i,p}(u)N_{j,q}(v)}{\sum_{i\neq x=0}^{m}\sum_{j\neq y=0}^{m}W_{xy}N_{x,p}(u)N_{y,q}(v)+N_{x,p}(u)N_{y,q}(v)}$$

$$b = \frac{W_{ij}N_{i,p}(u)N_{j,q}(v)}{\sum_{x=0}^{m}\sum_{y=0}^{m}W_{xy}N_{x,p}(u)N_{y,q}(v)}R_{i,j}(u,v)$$

由上式可知，$\frac{(1-a)}{a}:\frac{(1-b)}{b}=W_{ij}$，这实际上是四点 p_{ij}、S、M、S_{ij} 的交叉比例。

（4）修改控制点　给定曲面上点 p_{ij} 的参数为 (u,v)，曲面变化的方向矢量 T 及其变化距离 d，要求计算 p_{ij} 的新位置 p_{ij}^*，因 $p_{ij}^*=p_{00}R_{00}(u,v)+\cdots+(p_{ij}+a_v)R_{ij}(u,v)+\cdots+p_{mn}R_{mn}(u,v)$，令

$$a = \frac{|p_{ij}^*-p_{ij}|}{|T|R_{ij}(u,v)}=\frac{d}{|T|R_{ij}(u,v)}$$

则，$p_{ij}^*=p_{ij}+aT$

具体执行过程是，首先取一个控制点 p_{ij}，系统计算出该点的 (u,v) 参数值，再计算出相应参数的型值点 $Q=S(u,v)$，则修改后的方向矢量定义为 $T=p_{ij}-Q$，若变化幅度为 d，由上式即可求出新的控制点 p_{ij}^*。

7. 扫描面

最简单的扫描面是单截面线或单路径的回转面和拉伸面，进而有多路径单截面线、单路径多截面线、多路径多截面线的扫描面。

（1）单截面线回转面　若参数方程定义为 $p(t)=[x(t),y(t),z(t)],t\in[0,1];p(t)$ 可用常用的形式来构造。$p(t)$ 绕 X 轴旋转 φ 角生成的回转面可定义为

$$Q(t,\varphi)=p(t)\cdot s=P(t)\begin{bmatrix}1&0&0&0\\0&\cos\varphi&\sin\varphi&0\\0&0&1&0\\0&0&0&1\end{bmatrix}\quad t\in[0,1],\varphi\in[0,2\pi]$$

若 $p(t)$ 不是绕 X 轴而是绕 a_1a_2 两点定义的矢量旋转，此时只要将 a_1a_2 变换成 X 轴后即可套用上式。

（2）单截面线拉伸面　若有一点 $p(x,y,z,1)$，沿一条由平移变换矩阵定义的路径拉伸，则产生的拉伸线定义为 $Q(s)=p[T(s)]$。若路径是沿 Z 轴长度为 n 的直线，则 $[T(s)]$ 可写成

$$[T(s)]=\begin{bmatrix}1&0&0&0\\0&1&0&0\\0&0&1&0\\0&0&ns&1\end{bmatrix}\quad s\in[0,1]$$

若路径是在 Z 为常数的平面上，且圆心在原点上的一个圆，则此时

$$[T(s)]=\begin{bmatrix}(r/s)\cos[2\pi(s+s_i)]&0&0&0\\0&(r/y)\sin[2\pi(s+s_i)]&0&0\\0&0&1&0\\0&0&0&1\end{bmatrix}\quad s\in[0,1]$$

其中，$s_i=\dfrac{1}{2\pi}\arctan\left(\dfrac{y_i}{x_i}\right)$，$r=(x^2+y^2)^{1/2}$，下标 i 表示路径的起始位置。

15.2　机械产品建模方法

15.2.1　几何建模

几何模型描述具有几何网格特性的形体，它包括两个概念：拓扑元素（Topological Element）和几何元素（Geometric Element）。拓扑元素表示几何模型的拓扑信息，包括点、线、面之间的连接关系、邻近关系及边界关系。几何元素具有几何意义，包括点、线、面等，具有确定的位置和度量值（长度和面积）。图15-1所示为几何长方体的实体模型，不仅记录了全部几何信息，而且记录了全部点、线、面、体的拓扑信息。

它描述的物体是实心的，内部在表面哪一侧是确定的，由表面围成的区域内部为物体的空间区域。构建长方体模型时，为了分清内外，棱边号为有向棱边，通过右手法则确定其所在面外法线的方向指向体外。表面1棱边号为1、2、3、4，通过右手法则确定其所在面外法线的方向指向体外；表面2棱边号为5、6、7、8，通过右手法则确定其所在面外法线的方向指向体内，所以，均加了负号，以保证其外法线的方向指向体外。

采用几何建模方法对物体对象进行虚拟，主要是对物体进行几何信息的表示和处理，描述虚拟对象的几何模型，例如多边形、三角形、顶点和样条等。即用一定的数学方法对三维对象的几何模型进行描述。

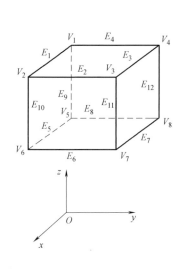

表面F	棱线号			
1	1	2	3	4
2	2	11	6	10
3	3	12	7	11
4	4	9	8	12
5	1	10	5	9
6	5	6	7	8

顶点	坐标值		
	x	y	z
1	0	0	1
2	1	0	1
3	1	1	1
4	0	1	1
5	0	0	0
6	1	0	0
7	1	1	0
8	0	1	0

棱线	顶点号	
1	1	2
2	2	3
3	3	4
4	4	1
5	5	6
6	6	7
7	7	8
8	8	5
9	1	5
10	2	6
11	3	7
12	4	8

图 15-1 几何长方体的实体模型

随着软件技术水平的发展，几何建模的手段越来越多；但总体而言，可归纳为三大类：多边形（Polygon）建模、非统一有理 B 样条（NURBS）建模和构造立体几何（CSG）。但无论采用哪种建模软件，同类建模方法的数学原理大致相同。

（1）Polygon（多边形）网格建模　三维图形中，运用边界表示的最普遍方式是使用一组包围物体内部的多边形，很多图形系统用一组表面多边形来存储物体的相关信息。由于所有表面以线性方程加以描述，可以简化并加速物体表面的绘制和显示。

多面体的多边形表精确地定义了物体的表面特征，但对其他物体，则可将表面嵌入到物体中来生成一个多边形网格逼近。由于线框轮廓能以概要的方式快速显示多边形的表面结构，因此，这种表示方法在实体模型应用中被普遍采用。通过沿多边形表面进行明暗处理来消除或减少多边形边界，以实现真实性绘制。采用多边形网格逼近将曲面分成更小的多边形加以改进。

用顶点坐标集和相应属性参数可以给定一个多边形表面。一旦每个多边形的信息给定后，它们被存放在多边形数据表中，便于以后对场景中的物体进行处理、显示和管理。多边形数据可分为两组：几何表和属性表。几何表包括顶点坐标和用于识别多边形表面空间方向的参数。属性表包括透明度、表面反射度的参数和纹理特征等。

存储几何数据的一个简便方法是建立三张表：顶点表、边表和面表。物体中的每个顶点坐标值存储在顶点表中。含有指向顶点表指针的边表，用于标识多边形每条边的顶点。面表含有指向边表的指针，用于标识多边形的边，图 15-1 所示为一个长方体的三张几何表。

三维物体对象的显示处理过程包括各种坐标系的变换、可见面识别与显示方式等。这些处理需要有关物体单个表面部分的空间方向信息。这些信息源于顶点坐标中和多边形所在的平面方程。

（2）非统一有理 B 样条（NURBS）　在大多数虚拟现实系统以及三维仿真系统的开发中，三维对象都要采用曲线与曲面的建模。其中，NURBS 是一种非常优秀的建模方式，在高级三维软件中，例如 3ds Max、SoftImage 和 Maya 软件都支持这种建模方式。NURBS 是 Non-Uniform Rational B-Splines 的缩写，具体解释为：

1）Non-Uniform（非统一）。指一个控制顶点的范围能够改变，用于创建不规则曲面。

2）Rational（有理）。指每个 NURBS 模型都可以用数学表达式来定义，也就意味着用于表示曲线或曲面的有理方程式能给一些重要的曲线和曲面提供了更好的模型，特别是圆锥截面、球体等。

3）B-Splines（B 样条）。一种在三个或多个点之间进行插补的构建曲线的方法。

度数是 NURBS 的一个重要参数，用于表现所使用方程式的最高指数。一个直线的度数是 1，一个二次等式的度数为 2，NURBS 曲线通常由立方体方程式表示，度数为 3。度数设置越高，曲线越圆滑，但同时也耗费更多的计算时间。

连续性是 NURBS 的另一个重要参数。连续的曲线是未断裂的，有不同级别的连续性，如图 15-2 所示。一条曲线有一个角度或尖端，则它具有 C0 连续性，如图 15-2a 所示；角位于曲线顶部。一条曲线没有尖端，但曲率不断变化，则它具有 C1 连续性，如图 15-2b 所示；一个半圆形连接较小半径的半圆形。如果一条曲线是连续且曲率恒定不变，则它具有 C2 连续性，如图 15-2c 所示；右侧不是半圆形，而是与左侧混合。曲线的连续性级别还可以更高，但对于计算建模来说已经足够。通常，肉眼分辨不出连续性为 C2 的曲线和连续性级别更高的曲线。

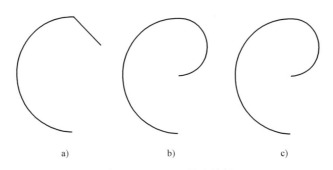

a)　　　　　　　　b)　　　　　　　　c)

图 15-2　NURBS 的连续性

a）C0 连续性　b）C1 连续性　c）C2 连续性

NURBS 构建几何对象时，首先建立简单的物体作为 NURBS 的起始物体，再通过修改曲线的度数、连续性和控制点个数等参数来定义形状、制作各种复杂的曲面造型和特殊的效果。图 15-3 所示为典型的 NURBS 曲线和 NURBS 曲面，黑色的小圆点表示曲线和面的控制点。NURBS 比传统的网格建模方式能更好地控制物体表面的曲线度，从而能够创建出更逼真、生动的造型。

（3）构造立体几何（CSG）　构造立体几何（Constructive Solid Geometry，CSG），又称为布尔模型，它是一种通过布尔运算（并、交、差）将一些简单的三维基本体素（如球体、圆柱体和立方体等）拼合成复杂三维模型实体的描述方法，就像搭建积木一样。例如一张桌子可以由 5 个六面体组成，其中 4 个作为桌腿，1 个作为桌面。

CSG 方法对物体模型的描述与该物体的生成顺序密切相关，即存储的主要是物体的生成过程，数据结构为树状结构。树叶为基本体素或变换矩阵，节点为运算，最上面是被建模的物体，如图 15-4 所示，E 物体是通过不同的基本体素（长方体 A 和 B、圆柱体 D），经过

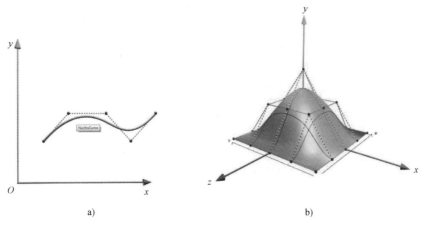

图 15-3   典型的 NURBS 曲线和曲面

a）NURBS 曲线   b）NURBS 曲面

布尔运算（并和差）最后生成的。

　　CSG 方法的优点是简洁，生成速度快，处理方便，易于控制存储的信息量，无冗余信息，而且能够详细记录构成实体原始特征参数，甚至在必要时可修改体素参数或附加体素对模型进行局部修改。图 15-5 所示为在 E 物体上倒圆的过程。CSG 方法的缺点是由于信息简单，可用于产生和修改实体的算法有限，并且数据结构无法存储物体最终的详细信息，例如边界、点的信息等。

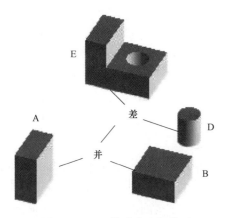

图 15-4   CSG 构造的几何模型

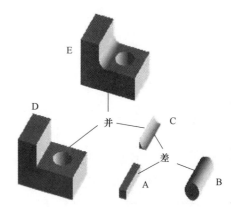

图 15-5   CSG 对模型的局部修改

15.2.2　图像与几何相结合的建模技术

　　由几何建模与图像建模的技术分析可知，二者的技术各有所长，合理使用才能发挥各自优势。由于人们对图形图像仿真效果不遗余力地追求；在严酷的仿真环境下任何顶级的图形工作站都变得十分缓慢。基于图像与景物几何结合的建模技术可以最大限度地挖掘建模技术的潜力，将高仿真度的图像映射于简单的对象模型，在几乎不牺牲三维模型真实度的情况下，可以极大减少模型的网格数量。

　　图 15-6 所示为几何建模与图像建模的车轮网格对比，左边的车轮全部采用三维网格建

模，包括外胎的所有凹凸齿纹，其三角网格面的数量达到了 12293 个；右边的车轮采用简单几何模型与外观图像相结合，最终的三角网格面的数量只有 60 个，几乎达到了 205：1 的模型优化率。由于车轮在汽车建模中不是主体，60 个三角网格面就足够了。如果更精密一些也只要 200 个左右的三角面。

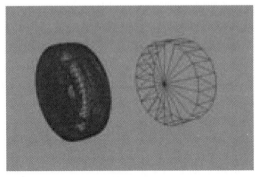

a)   b)

图 15-6　几何建模与图像建模的车轮网格对比

a）三维网格建模　b）几何建模与外观图像相结合的建模

15.3　机械产品虚拟装配

15.3.1　虚拟装配概论

随着计算机软件硬件技术的发展，在机械制造领域，零件的计算机辅助设计和加工技术也发生了很大的变化。然而，在装配环节上，人工操作历来都作为一个生产要素出现，依赖于人的技巧和判断能力来进行复杂的操作，具有很强的智能性和高度的复杂性，因而在设计技术、加工技术快速发展的今天，装配工艺成为现代化生产的薄弱环节，成为制约先进制造技术发展的瓶颈；同时以往的装配过程被局限在"设计-制作（装配）-评价"和"实物验证"的封闭时空模式中，装配关系的滞后检验，带来巨大的成本浪费，同时也完全不能快速反映市场的需要。

虚拟装配是新兴虚拟产品开发研究中的重要内容。采用虚拟装配技术可以在设计阶段验证零件之间的配合和可装配性，保证设计的正确性，在装配模型和装配建模工具的支持下，一次就可设计、制造成功一个具有几十万个零部件的庞然大物，极大地缩短开发周期和节约开发成本。

装配指将零件结合成为完整产品的生产过程。在一个产品的寿命循环中，装配是很重要的环节。装配的工作效率和工作质量对产品的制造周期和最终质量都有极大的影响。据有关资料介绍，装配工作成本占总制造成本的 40%～50%。

15.3.2　虚拟装配定义及特点

狭义地说，装配就是把几个零部件套装在一起形成一台机器或一个部件的过程，广义而言，装配存在于产品周期的全过程，它始于产品的设计之初，直到产品报废结束。进行产品设计，开始就应该考虑组成产品各零件之间的装配关系，例如：模数不同，压力角不同的两个齿轮不能啮合，他们之间就不具有装配关系。在一台机器使用过程中随着磨损加剧，某些零件之间就会松动，零件之间的装配关系就发生变化。

从前，检验设计正确与否的关键措施是利用样品。当一个零部件与另一个零部件装配失败后，则返回装配结果，重新设计、生成样品，重新用真实装配检验。利用虚拟装配技术，在计算机上将设计得到的三维模型预装配到一起，可以避免物理原型的应用，可对零部件进行干涉检验，减少样品的利用率，最关键的是能在产品设计过程中利用各种技术手段如分析、评价、规划、仿真等充分考虑产品的装配环节以及与其相关的各种因素的影响，在满足产品性能与功能的条件下，改进产品的装配结构，使设计出的产品是可以装配的，并尽可能地降低装配成本和产品总成本，减少设计所需时间，这就是面向装配的设计。同时在产品设计完成以后，进行总装检测，检查产品的可装配性及优化产品设计精度、制造精度和成本之间的性价比。

虚拟装配时通常需要完成以下的工作：

1）建立灵活的装配模型　向系统中导入单个零部件，将零部件编组生成整个的部件装配体；给零部件添加上材料、颜色、特征等信息；给零部件间添加各种装配关系。

2）增加装配层次关系。

3）完成装配仿真。

15.3.3　装配信息及装配关系

装配体是一组相互关系零件的集合，描述一个完整的装配体，除各个零件的信息，还需要零件间相互关联的性质和结构，因此，装配模型的完整信息包括三个方面：零件信息；确定装配中零件位置和方向的装配关系信息；装配体中零件之间的层次关系信息。

（1）零件信息　零件信息主要指产品的属性信息，包括几何属性、工程设计属性、物理属性（质量、材质、纹理等）以及零件间的约束关系，这类信息部分从 CAD 系统传入。

（2）装配关系　信息装配关系也包括两个方面的内容：确定装配体中零件的相对位置和方向的定位关系；形成装配体各个零件参与装配的局部几何结构之间的配合关系。包含装配中产品的行为信息：零件的装配顺序、装配路径、装配过程中零件的扫描体积等。这类信息主要在虚拟装配过程中建立。

（3）层次关系　装配体可分解成不同层次的子装配体，子装配体又可分解成若干子装配体和各个零件。装配体一般指机械产品，子装配体是指部件。通常将零件、子装配体、装配体之间的这种层次关系直观地表示成一装配树，如图 15-7 所示，树的根节点是装配体，叶节点是组成装配体的各个零件，中间节点则是子装配体。装配树的层次关系体现了实际形成装配体的装配顺序，同时也表达了装配体、子装配体及零件之间的父、子从属关系。

产品中零部件的装配设计一般是通过相互之间的装配关系表现出来的，因此，描述产品零部件之间装配关系是建立装配模型的关键。

装配关系是零部件之间的相对位置和配合的关系，它反映零件之间的相互约束及相对运动。从不同的应用角度，装配关系有不同的分类。根据机械装配的有关知识，零件的装配关系不仅取决于零件本身的几何特征，如轴孔配合有无倒角，还部分取决于零件的非几何特征（如零件的重量、精密程度）和装配操作的有关特征（如零件的装配方向、装配方法以及装

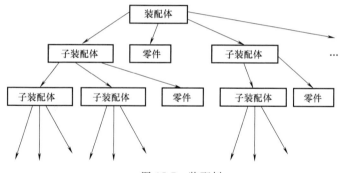

图 15-7 装配树

配力的大小等）；对特殊零部件，如螺纹连接件，可采用直接连接等。

一般而言，产品零部件之间一般具有如图 15-8 所示四类基本的装配关系：位置关系、配合关系、连接关系和运动关系。

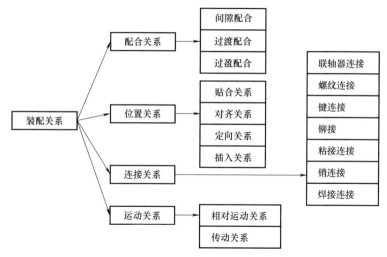

图 15-8 装配关系分类

配合关系专门描述产品零部件之间配合关系的类型、代码和精度。配合关系中包含有：

1）配合特征几何元素。零件间的配合点、线、面称为零件的配合特征几何元素。

2）配合类型。配合类型属性描述特征几何元素之间的连接类型。包括间隙配合、过渡配合、过盈配合等。

3）根据零部件本身的几何特征，考虑零部件之间的约束关系，各种文献给出了多种位置关系的分类，通过考察实际装配体设计，可以概括出如下四类基本的几何约束：

① 贴合关系。贴合关系包含贴合及等距偏离。面贴合要求装配体构件的两个表面接触；等距偏离要求两个表面相向平行且相距某个距离，主要描述平面之间的配合关系。

② 对齐关系。对齐关系包含对齐及等距对齐。对齐是指两个对象之间的重合关系，它可分为面对齐、边对齐、点对齐等。面对齐是指两个表面相邻且在同一物理平面上；边对齐是指两条边重合在同一直线上；点对齐是指两个点重合。等距对齐是指两个面对齐且相邻边平行。

③ 定向关系。定向关系即定向约束，描述两个元素间的方向关系，可以指面与面之间、边与边之间的这种关系。

④ 插入关系。插入关系描述广义孔和广义轴之间的配合关系。连接关系描述产品零部件几何元素之间的直接连接关系，如螺钉连接、键连接等；运动关系描述产品零部件之间的相对运动关系和传动关系，如绕轴旋转等。

15.3.4 装配策略

装配是机器制造的重要阶段，装配质量的好坏对机器性能和使用寿命有很大的影响。因此，装配前有必要对产品进行虚拟装配（Virtual Assembly），以模拟实际装配过程。

虚拟装配中，装配关系是零件之间相对位置和配合关系，它反映了零件之间的相互约束及相对运动。以 SolidWorks 为例，该软件有标准配合和高级配合，标准配合应用最广泛，例如：重合、平行、垂直、相切和同轴心配合；当需要机构运动模拟时就会用到高级配合，此时须加一些辅助动力装置，如：线性马达、旋转马达、线性弹簧和引力。

虚拟装配时，要考虑零件的装配层次、装配顺序以及装配约束关系等，一定要严格按照实际产品的现实装配过程来实施，首先确定各个零件装配的先后顺序，再确定应用哪几个配合可以实现两个零件的完全配合，一般来说，2 个零件的配合关系不会超过 3 个，例如：同轴心和轴肩与齿轮面距离 2 个配合关系即可完成齿轮与轴的配合。对于零件比较繁多的产品，虚拟装配前可以考虑 2 种方案：直接插入零件完成整个装配过程，先完成需要的子装配体，插入子装配体完成整个装配。选用方案因人而异，装配前考虑方案的优化对装配完成后的后期工作有很好的帮助。

15.4 实体建模常用命令解析

实体建模软件中常用的一些命令见表 15-1。

表 15-1 实体建模软件常用命令介绍

常用命令	截图	用途	步骤（以 SolidWorks 为例）
拉伸		基本零件模型的建立、实体模型的拉伸等	1. 选定（插入）草图基准面 2. 按基本尺寸绘制草图 3. 单击"拉伸"命令 4. 选择"拉伸"的类型 5. 输入拉伸深度
拉伸切除		切除实体模型的某些部份以形成下列外形：通孔、键槽、齿形、空壳等	1. 选定（插入）草图基准面 2. 按所需尺寸绘制草图形状 3. 单击"拉伸切除"命令 4. 选择"拉伸切除"的类型 5. 需要时设定"拉伸切除"深度

（续）

常用命令	截 图	用 途	步骤（以 SolidWorks 为例）
旋转		基本草图旋转生成实体模型。这些实体模型包括：管状物、导管、环形曲面形状、轮状外形/圆拱等	1. 选定（插入）草图基准面 2. 绘制草图形状 3. 绘制旋转围绕的中心线 4. 单击"旋转"命令 5. 需要时设定旋转方向及角度
旋转切除		利用该命令可在实体上生成具有如下形状的特征：内部的管状物（导管）、外部不规则形状的沟槽等	1. 选定（插入）草图基准面 2. 绘制草图形状 3. 绘制旋转回绕的中心线 4. 单击"旋转切除"命令 5. 需要时设定旋转方向及角度
放样		由一个截面形状放样到另一个截面形状，生成实体模型。这些实体模型包括：凸台、不规则体等	1. 选定（插入）草图基准面 2. 绘制第一个草图形状 3. 绘制第二个草图形状 4. 单击"放样"命令
扫描	轮廓（草图2） 路径（草图1）	由扫描得到的实体模型主要包括：弹簧、环形曲面形状、轮状外形等	1. 选定（插入）草图基准面 2. 绘制草图形状 3. 绘制一扫描路径 4. 单击"扫描"命令

15.5 常用三维建模与仿真软件

机械工程领域常用的三维建模与仿真软件有：SolidWorks、Pro/E、UG、CATIA、3D-Max 等，对比而言，SolidWorks 主要应用于机械设计，学起来相对简单、上手快、出工程图非常方便；Pro/E 主要用于产品设计，学起来较难，但有一个功能强大的曲面功能，可以构建复杂的曲面；UG、CATIA 相对高端，在航空航天、汽车等领域应用较多，其中，UG 常用于模具设计和数控加工（模拟加工中心运动并生成程序）行业，CATIA 主要用于飞机和汽车等。在学科竞赛中，3D-Max 可以进行模型美化、三维视频的制作等。

15.5.1 SolidWorks 三维建模软件

SolidWorks 软件是世界上第一个基于 Windows 开发的三维 CAD 系统，是设计过程比较简便而方便的软件之一。

SolidWorks 软件功能强大，组件繁多。有功能强大、易学易用和技术创新三大特点，这使得 SolidWorks 成为领先的、主流的三维 CAD 解决方案之一。SolidWorks 能够提供不同的设计方案、减少设计过程中的错误以及提高产品质量。

2018 版主要功能特色：

（1）用户界面　提供了一整套完整的动态界面和鼠标拖动控制。"全动感"的用户界面减少了设计步骤，减少了多余的对话框，从而避免了界面的零乱。

（2）配置管理　配置管理是 SolidWorks 软件体系结构中非常独特的一部分，它涉及零件设计、装配设计和工程图。配置管理使其能够在一个 CAD 文档中，通过对不同参数的变换和组合，派生出不同的零件或装配体。

（3）协同工作　提供了技术先进的工具，可以通过互联网进行协同工作。

（4）装配设计　在 SolidWorks 中，生成新零件时，你可以直接参考其他零件并保持这种参考关系。在装配环境中，可以方便地设计和修改零部件。

（5）工程图　SolidWorks 提供了生成完整、车间认可的详细工程图的工具。工程图是全相关的，修改图样时，三维模型、各个视图、装配体都会自动更新。

15.5.2　Pro/E 三维建模软件

Pro/E 是美国参数技术公司（PTC）旗下开发的 CAD/CAM/CAE 一体化的三维软件。Pro/E 软件以参数化著称，是参数化技术的最早应用者，在目前三维造型软件领域中占有重要地位。Pro/E 作为当今机械 CAD/CAE/CAM 领域的新标准得到业界的认可和推广，是现今主流的 CAD/CAM/CAE 软件之一，特别是在国内产品设计领域占据重要位置。

Pro/E 采用了模块方式，可以分别进行草图绘制、零件制作、装配设计、钣金设计、加工处理等，保证用户可以按照自己的需要选择使用。

1）参数化设计。我们可以把产品看成几何模型，而无论多么复杂的几何模型，都可以分解成有限数量的构成特征，而每一种构成特征，都可以用有限的参数完全约束，这就是参数化的基本概念。但是无法在零件模块下隐藏实体特征。

2）基于特征建模。Pro/E 是基于特征的实体模型化系统，工程设计人员采用具有智能特性的基于特征的功能去生成模型，如腔、壳、倒角及圆角，可以随意勾画草图，轻易改变模型。这一功能特性给工程设计者在设计上提供了从未有过的简易和灵活。

3）单一数据库（全相关）。Pro/E 建立在统一基层数据库上，不像一些传统的 CAD/CAM 系统建立在多个数据库上。所谓单一数据库，就是工程中的资料全部来自一个库，使得每一个独立用户在为一件产品造型而工作，不管他是哪一个部门。换言之，整个设计过程中的任何一处发生改动，也可以前后反映在整个设计过程的相关环节上。例如，一旦工程样图有改变，NC（数控）工具路径也会自动更新；组装工程图如有任何变动，也完全同样反映在整个三维模型上。这一优点，使得设计更优化，成品质量更高。

15.5.3　UG 三维建模软件

UG（Unigraphics NX）是 Siemens PLM Software 公司出品的一个产品工程解决方案，它为用户的产品设计及加工过程提供了数字化造型和验证手段。Unigraphics NX 针对用户的虚拟产品设计和工艺设计需求，提供了经过实践验证的解决方案。UG 同时也是用户指南（User Guide）和普遍语法（Universal Grammar）的缩写。

这是一个交互式 CAD/CAM（计算机辅助设计与计算机辅助制造）系统，功能强大，可以轻松实现各种复杂实体及造型的建构。在诞生之初主要基于工作站，但随着硬件的发展和个人用户的迅速增长，在微型计算机上的应用取得了迅猛的增长，已经成为模具行业三维设计的一个主流应用。其主要功能有：

1）工业设计。NX 为那些培养创造性和产品技术革新的工业设计和风格提供了强有力的解决方案。利用 NX 建模，工业设计师能够迅速建立和改进复杂的产品形状，并且使用先进的渲染和可视化工具来最大限度地满足设计概念的审美要求。

2）产品设计。NX 包括了世界上最强大、最广泛的产品设计应用模块。NX 具有高性能的机械设计和制图功能，为制造设计提供了高性能和灵活性，以满足客户设计任何复杂产品的需要。NX 优于通用的设计工具，具有专业的管路和线路设计系统、钣金模块、专用塑料件设计模块和其他行业设计所需的专业应用程序。

3）仿真、确认和优化。NX 允许制造商以数字化的方式仿真、确认和优化产品及其开发过程。通过在开发周期中较早地应用数字化仿真性能，制造商可以改善产品质量，同时减少或消除对于物理样机的昂贵耗时的设计、构建，以及对变更周期的依赖。

4）CNC 加工。UG NX 加工基础模块提供连接 UG 所有加工模块的基础框架，它为 UG NX 所有加工模块提供一个相同、界面友好的图形化窗口环境，用户可以在图形方式下观测刀具沿轨迹运动的情况，并可对其进行图形化修改，如对刀具轨迹进行延伸、缩短或修改等。该模块同时提供通用的点位加工编程功能，可用于钻孔、攻螺纹和镗孔等加工编程。该模块交互界面可按用户需求进行灵活的用户化修改和剪裁，并可定义标准化刀具库、加工工艺参数样板库，使初加工、半精加工、精加工等操作常用参数标准化，以减少使用培训时间并优化加工工艺。UG 软件的所有模块都可在实体模型上直接生成加工程序，并保持与实体模型全相关。

5）模具设计。UG 是当今较为流行的一种模具设计软件，主要是因为其功能强大。

15.5.4　CATIA 三维建模软件

CATIA 是法国达索公司的产品开发旗舰解决方案。作为 PLM 协同解决方案的一个重要组成部分，可以通过建模帮助制造厂商设计他们未来的产品，并支持从项目设计、分析、模拟、组装到维护在内的全部工业设计流程。

模块化的 CATIA 系列产品提供产品的风格和外型设计、机械设计、设备与系统工程、管理数字样机、机械加工、分析和模拟。

CATIA 系列产品在八大领域里提供 3D 设计和模拟解决方案：汽车、航空航天、船舶制造、厂房设计（主要是钢构厂房）、建筑、电力与电子、消费品和通用机械制造。其功能和模块有：

1）Generative Shape Design　简称 GSD，即创成式造型，它是非常完整的曲线操作工具和最基础的曲面构造工具，除了可以完成所有曲线操作，可以完成拉伸、旋转、扫描、边界填补、桥接、修补碎片、拼接、凸点、裁剪、光顺、投影和高级投影以及倒角等功能，生成封闭片体 Volume，完全参数化操作。

2）Free Style Surface 简称 FSS 即自由风格造型。除包括 GSD 中的所有功能，还可完成诸如曲面控制点（可实现多曲面到整个产品外形同步调整控制点、变形）、自由约束边界、去除参数，达到汽车 A 面标准的曲面桥接、倒角、光顺等功能。

3）Automotive Class A 简称 ACA，即汽车 A 级曲面，完全非参，此模块提供了强大的曲线曲面编辑功能和无比强大的一键曲面光顺功能。可实现多曲面甚至整个产品外形的同步曲面操作（控制点拖动，光顺，倒角等）。

4）FreeStyle Sketch Tracer 简称 FST，即自由风格草图绘制，可根据产品的三视图或照片描出基本外形曲线。

5）Digitized Shape Editor 简称 DSE，即数字曲面编辑器，根据输入的点云数据，进行采样、编辑、裁剪以达到最接近产品外形的要求，可生成高质量的 mesh 小三角片体，完全非参。

6）Quick Surface Reconstruction 简称 QSR，即快速曲面重构，根据输入的点云数据或者 mesh 以后的小三角片体，提供各种方式生成曲线，以供曲面造型，完全非参。

7）Shape Sculpter 小三角片体外形编辑，可以对小三角片体进行各种操作，功能几乎强大到与 CATIA 曲面操作相同，完全非参。

8）Automotive BIW Fastening 用户可进行汽车车身紧固设计，设计汽车车身各钣金件之间的焊接方式和焊接几何尺寸。

9）Image & Shape 可以像捏橡皮泥一样拖动、拉伸、扭转产品外形，增加"Image Shape（橡皮泥块）"等方式以达到理想的设计外形，可以极其快速地完成产品外形概念设计。

10）Healing Assistant 一个极其强大的曲面缝补工具，可以将各种破面缺陷自动找出并缝补。

15.5.5　3D-Max 仿真软件

3D Studio Max，常简称为 3D Max 或 3ds MAX，是 Discreet 公司开发的（后被 Autodesk 公司合并）基于微型计算机系统的三维动画渲染和制作软件。在应用范围方面，广泛应用于广告、影视、工业设计、建筑设计、三维动画、多媒体制作、游戏以及工程可视化等领域。其特点有：

1）基于微型计算机系统的低配置要求。

2）安装插件（plugins）可提供 3D Studio Max 所没有的功能（如 3DS Max 6 版本以前不提供毛发功能）以及增强原本的功能。

3）强大的角色（Character）动画制作能力。

4）可堆叠的建模步骤，使制作模型有非常大的弹性。

第16章

有限元分析理论及实例

16.1　有限元法基本思想

有限元法采用数学近似的方法对真实物理系统（即几何和载荷工况）进行模拟，利用简单而又相互作用的元素，即单元，就可以用有限数量的未知量去逼近无限未知量的真实系统。

有限元是用较简单的问题代替复杂问题后再求解，它将求解域看成是许多称为有限元的小的互连子域组成，对每一个单元假定一个合适的（较简单的）近似解，然后推导求解这个域总的满足条件（如结构的平衡条件），从而得到问题的解。这个解不是准确解，而是近似解，因为实际问题被较简单的问题代替。由于大多数实际问题难以得到准确解，而有限元不仅计算精度高，而且能适应各种复杂形状，因而成为行之有效的工程分析手段。

有限元是集合在一起能够表示实际连续域的离散单元。有限元的概念早在几个世纪前就已产生并得到了应用，例如用多边形（有限个直线单元）逼近圆求得圆的周长，但作为一种方法而被提出，则是"最近的"事。有限元法最初被称为矩阵近似方法，应用于航空器的结构强度计算，由于其方便性、实用性和有效性而引起从事力学研究的科学家的浓厚兴趣。经过短短数十年的努力，随着计算机技术的快速发展和普及，有限元迅速从结构工程强度分析计算扩展到几乎所有的科学技术领域，成为一种丰富多彩、应用广泛并且实用高效的数值分析方法。

16.2　有限元法分析的基本步骤

有限元分析方法分为以下几个步骤：

1. 结构的离散化

将某个工程结构离散为由各种单元组成的计算模型，这一步称为单元剖分。离散后单元与单元之间利用单元节点相互连接起来；单元节点的设置、性质、数目等应视问题的性质、描述变形形态的需要和计算进度而定（一般，单元划分越细则描述变形情况越精确，即越接近实际变形，但计算量越大）。所以有限元中分析的结构已不是原有的物体或结构物，而是由众多单元以一定方式连接成的离散物体。这样，用有限元分析计算获得的结果只是近似的。如果划分单元数目非常多而又合理，则获得的结果就与实际情况相符。

2. 选择位移模式

有限单元法中，选择节点位移作为基本未知量时称为位移法；选择节点力作为基本未知量时称为力法；取一部分节点力和一部分节点位移作为基本未知量时称为混合法。位移法易于实现计算自动化，所以，有限单元法中位移法应用范围最广。

采用位移法时，物体或结构物离散化之后，就可把单元中的一些物理量，如位移、应变和应力等由节点位移来表示。这时可以对单元中位移的分布采用一些能逼近原函数的近似函数予以描述。通常，有限元法就可将位移表示为坐标变量的简单函数。这种函数称为位移模式或位移函数。

选择合适的位移函数是有限元分析方法的关键，不仅运算方便，而且可以逼近单元体的光滑局部，同时也能够实现单元自由度和解的收敛性要求。多项式可以满足位移函数的要求。用节点位移来表示单元内任意一点位移的表达式，其矩阵形式是：

$$\{f\} = [N]\{\delta\}^e \tag{16-1}$$

式中，$\{f\}$ 为单元内任意一点的位移列阵；$\{\delta\}^e$ 为单元的节点位移列阵；$[N]$ 为形函数矩阵，它的元素是位置坐标函数。

3. 分析单元的力学特性

位移函数选定后就可以进行单元的力学特性分析，主要包括三部分内容：

1）根据式（16-1），用几何方程推导出节点位移表示单元应变的关系式

$$\{\varepsilon\} = [B]\{\delta\}^e \tag{16-2}$$

式中，$\{\varepsilon\}$ 为单元内任意一点的应变列阵；$[B]$ 为单元应变矩阵。

2）根据应变表达式（16-2），利用本构方程推导出用节点位移表示单元应力的关系式

$$[\sigma] = [D]\{\varepsilon\} = [D][B]\{\delta\} \tag{16-3}$$

式中，$[\sigma]$ 为单元内任意一点的应力矩阵；$[D]$ 为与材料有关的弹性矩阵。

3）利用变分原理，建立作用于单元上的节点力与节点位移之间的关系式，即单元平衡方程

$$\{F\}^e = [K]^e[\delta]^e \tag{16-4}$$

$$[K]^e = \iiint [B]^T[D][B]\,\mathrm{d}x\mathrm{d}y\mathrm{d}z \tag{16-5}$$

式（16-4）、式（16-5）中，$[K]^e$ 为单元刚度矩阵；$\{F\}^e$ 为等效节点力。

4. 集合所有单元的平衡方程，建立整个结构的平衡方程

把各个节点的刚度矩阵和作用于各个单元的等效节点力列阵集合成整体的刚度矩阵和总的载荷列阵，建立整个结构的平衡方程。在假设所有相邻单元在公共节点处位移相等的前提下，可以得到整体的平衡方程为

$$[K]\{\delta\} = [F] \tag{16-6}$$

5. 求解未知节点位移

求解方程组（16-6）即可以得到未知位移。在求解该线性方程时应结合其特点来选择合适的计算方法。

6. 计算单元应力

当每个单元的单元刚度矩阵方程确认后，可以建立整体刚度方程，然后导入结构的边界条件，求解各个方程组得出节点位移，继而求出单元的内力与变形。

16.3 静力学分析

结构静力学分析用于计算在固定不变载荷作用下结构的响应,即由于稳态外载荷引起的系统或部件的位移、应力、应变。同时,结构静力学分析还可以计算固定不变的惯性以及可以近似为静力作用的随时间变化的载荷对结构的影响。

结构静力分析中,一般都假定载荷和响应固定不变,或假定载荷随时间的变化非常缓慢。ANSYS 程序中结构静力学分析所施加的载荷包括外部载荷、稳态的惯性载荷、位移载荷和温度载荷,对于具体的工作特性施加必要的载荷。静力学分析可以是线性也可以是非线性的。非线性静力学分析包括材料非线性、几何非线性和状态非线性,具体涉及大变形、塑性、蠕变、应力刚化、接触单元以及超弹性等。线性静力学分析,即小变形,材料也是线弹性。

16.4 模态分析理论基础

16.4.1 模态分析简介

模态分析是确定机械结构的振动特性,主要包括结构的固有频率和固有振型两个方面。

模态分析分为有载荷状态的模态分析和无载荷状态的模态分析,模态分析可以得出模型固有频率以及在固有频率作用下模型的振动情况。通常来说,模型的固有频率有很多阶,分析时需要设定模态分析结果的阶数,求解结果一般选择共振振型,以观察共振时模型结构的变化。对于有激振源的模型,模态分析是必须的,分析不同阶数的固有频率,将其大小与激振源的频率作对比,分析是否会发生共振。

ANSYS Workbench 可以分析模型的固有频率,通过与模型动力系统频率的比较得出模型是否会发生共振,另一方面,模态分析也是为后面瞬态动力学分析进行前处理。

当使用谐响应分析或者瞬态动力学分析时,需要知道模型的固有频率和在不同固有频率下的振型,这两个参数是在计算模型承受动态载荷时不可缺少的。

对于结构对称的模型,模态分析时可以只分析其中对称部分的固有频率和振型,求解器会在计算时考虑到对称式结构,最后显示整体模型的分析结果,这样可以节省大量的时间,利于精度的提高。

16.4.2 模态分析理论基础

模态分析理论基础是在工程力学理论上面建立的,物体的振动学方程为

$$[M]\{x''\} + [C]\{x'\} + [K]\{x\} = \{F(t)\} \tag{16-7}$$

振动学方程中,$[M]$ 为研究对象的质量矩阵;$[C]$ 为系统的阻尼矩阵;$[K]$ 为研究对象的刚度矩阵;$\{x\}$ 为物体的位移矢量;$\{F(t)\}$ 为激振力矢量;$\{x'\}$ 为物体运动速度矢量;$\{x''\}$ 为物体运动加速度矢量。

当系统处于理想状态,即不存在阻尼时,振动学的分析方程如下:

$$[M]\{x''\} + [K]\{x\} = \{F(t)\} \tag{16-8}$$

物体的振动形式为简谐振动，位移可用正弦函数表示，即

$$x = x\sin(\omega t) \tag{16-9}$$

代入上式得

$$([K] - \omega^2[M])\{x\} = \{0\} \tag{16-10}$$

该方程为理想状态下物体的振动方程，解方程得特征值为 ω_i^2，其中 ω_i 为固有圆频率，固有频率为 $f = \dfrac{\omega_i}{2\pi}$。

与特征值 ω_i 对应的特征向量 $\{x\}_i$ 就是在此频率下的振型。

16.4.3 模态分析步骤

模态分析与静态力学分析有很多相似的地方，常采用以下步骤进行模态分析，进行模态系统分析的步骤如下：

首先将模型从建模软件中导入到 ANSYS Workbench 中，如果是直接在 DM 中建立的模型则直接进入编辑，然后对模型添加材料，如果模型是装配体，存在相对运动的零件，则应该设置接触，接着进行网格的划分，划分完毕后，设置边界条件，选择求解目标再求解。

所有的几何体都可以进行模态分析，如实体模型、表面模型和线体等。对于一个质量点也可以进行模态分析，在分析过程中计算的参数只有质量，没有硬度，当模型中存在质量点时，模态分析结果中的固有频率会降低。

设置材料属性的基本参数有密度、杨氏模量和泊松比，其他参数如极限应力等软件可以自动解出。

对于装配体的模态分析，可能存在零件之间相互移动的情况，只是需要设置接触，对于动力学问题的分析，接触设置不可缺少。

模态分析过程中，最后的结果中无法出现结构载荷和热载荷，当分析的模型缺失——其他载荷施加时，应该施加载荷，不然会影响求解结果。

模态分析中，约束的存在对分析结果同样有着重要的影响，如果模型没有约束，且模型定义为刚性，则在最后的分析结果中模型的固有频率将会很小，接近于 0。当然，实际情况中如果模型的外界条件不存在约束，则不用施加约束。需要注意的是，约束的存在对于最后分析结果的影响十分严重，所以在对模型施加约束时应该认真考虑模型的实际工作特点，再施加约束。

16.5　谐响应分析

持续的简谐波载荷作用在结构上会产生同频的稳态响应。谐波响应分析可确定线性结构在随时间以正弦规律变化的载荷作用下的稳态动力响应最大值随载荷变化的规律。

通过分析动力响应随频率的变化规律，依次获得结构物的共振和疲劳破坏等的参考依据。结构在简谐载荷作用下受迫振动的运动方程见式（16-11）

$$[m]\{\ddot{x}\} + [c]\{\dot{x}\} + [k]\{x\} = \{F\}\sin\omega t \tag{16-11}$$

式中，m 为结构质量矩阵；$\ddot{x}$ 为节点加速度矢量；$\dot{x}$ 为节点速度矢量；c 为结构阻尼矩阵；k 为结构刚度矩阵；$\{F\}$ 为简谐载荷的幅值向量；ω 为激振力的频率。

稳态位移响应可写为（16-12）形式

$$\{x\} = \{A\}\sin wt + \phi \qquad (16\text{-}12)$$

式中，$\{A\}$ 为位移幅值向量；ϕ 为位移响应滞后激励载荷的相位角。结构的其他响应可以通过位移响应求出。

16.6　瞬态动力学分析

16.6.1　简介

瞬态动力学分析可以分析模型在受到随时间变化载荷作用下的状态的一种分析方法，又称为时间历程分析法，通过这种分析方法可以得到模型在不同载荷作用下的变形、应力及应变等随时间变化的情况。

瞬态动力学分析的模型可以是刚体也可以是变形体，还可以是任意结构，对模型进行正确的网格划分以及模态分析后，施加随时间变化的载荷就可以得到随时间变化的响应。对于变形体，通过分析可以得到应变值以及应力。

16.6.2　瞬态分析动力学理论基础

瞬态动力学分析一般方程为

$$[M]\{x''\} + [C]\{x'\} + [K]\{x\} = \{F(t)\}$$
$$\gamma_i = \{x\}_i^{\mathrm{T}}[M]\{D\}$$
$$\{x_i\}^{\mathrm{T}}[M]\{x_i\} = 1$$

式中，$[M]$ 为物体质量矩阵；$[C]$ 为系统阻尼矩阵；$[K]$ 为物体刚度矩阵；$\{x\}$ 为物体运动位移；$\{F(t)\}$ 为力矢量；$\{x'\}$ 为物体运动速度；$\{x''\}$ 为物体运动加速度。

ANSYS Workbench 有两种方法求解上述方程，即隐式求解法和显式求解法。

（1）隐式求解法　隐式求解法中，ANSYS 软件在求解时应用开式求解法，又称为 Newmark 时间积分法，这种求解方法要求时间步不能太大，如果时间步过大，则可能会影响求解函数的收敛性，导致求解时间过长。

（2）显式求解法　显示求解法中，ANSYS 软件在求解时使用闭式求解法，这种求解的方法要求时间步不能过大，相比于隐式求解法，显式求解法可以适用于非线性问题，求解时通过设定计算步的大小，控制求解的精度，求解速度较快，求解结果的位移量由带有位移未知量的方程求解得到。

16.7　有限元分析软件

16.7.1　有限元软件分析过程

有限元基本原理和一般方法表明，从单元分析到求出单元应力和应变的所有环节涉及大量的数值计算，这些计算都是由有限元分析软件自动完成的，分析人员的主要工作在于提供计算所需的所有数据输入，并对输出的计算结果进行查看与理解。因此，从应用角度看，有限元分析可以划分为前处理、求解和后处理三个阶段，如图 16-1 所示。相应地，一个完整的有限元分析软件应该包括前处理（Processor）、有限元求解（Solver）和后处理（Post-processor）3 个功能模块，以及图形及数据可视化系统（Visualization of Graphics & Scientific Date）和数据库（Database）2 个支撑环境。

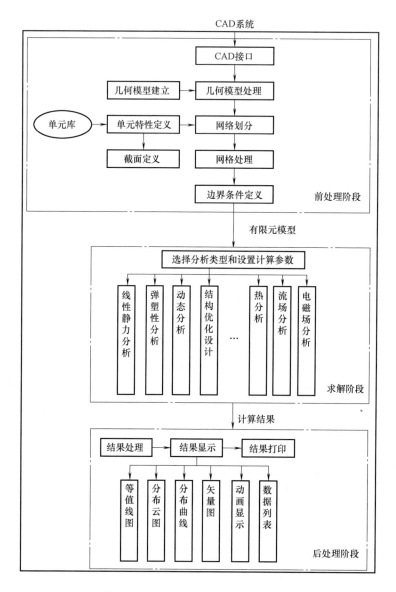

图 16-1　有限元分析过程的三个阶段

1. 前处理

对有限元分析软件进行求解计算之前完成的工作称为前处理。前处理的任务是建立有限元模型（Finite Element Model），这一工作又称为有限元建模。前处理将分析问题抽象为能为数值计算提供所有输入数据的计算模型，该模型定量反映了分析对象的几何、材料、载荷、约束等方面的特性。建模的中心任务是离散，但围绕离散还需完成很多与之相关的工作，如结构形式处理、几何模型建立、单元类型和数量选择、单元特性定义、单元质量检查等。制定合理的分析方案对整个分析过程和分析结果有重要的影响作用。

2. 求解

求解的任务是基于有限元模型完成有关的数值计算，并输出需要的计算结果。主要工作包括单元和总体矩阵的形成、边界条件的处理和特性方程的求解等。由于求解的运算量非常大，这部分工作全部由计算机自动批处理完成。除了对计算方法、计算内容、计算参数和工况条件等进行必要的设置和选择，一般无需人工干预。

3. 后处理

求解完成后所做的工作称为后处理，其任务是对计算结果进行必要的处理，并按一定方式显示出来，以便对分析对象的性能进行分析和评估，做出相应的改进或优化，这是进行有限元分析的目的所在。

16.7.2　ANSYS 有限元分析软件

ANSYS 软件是融结构、流体、电场、磁场、声场分析于一体的大型通用有限元分析软件，它是一个多用途的有限元法计算机设计程序，可以求解结构、流体、电力、电磁场及碰撞等问题。它可应用于以下工业领域：航空航天、汽车工业、生物医学、桥梁、建筑、电子产品、重型机械、微机电系统、运动器械等。而且可以与多数 CAD 软件接口，实现数据的共享和交换，如 Pro/E，NASTRAN，Alogor，i—DEAS，AutoCAD 等，是现代产品设计中的高级 CAD 工具之一。

1. ANSYS 软件中的分析类型

ANSYS 软件提供多种分析类型，包括结构静力学分析、结构动力学分析、结构非线性分析等，这些分析类型的简介如下：

（1）结构静力分析　用于求解外载荷引起的位移、应力和力。静力学分析很适合求解惯性和阻尼对结构影响并不显著的问题。ANSYS 程序中的静力学分析不仅可以进行线性分析，也可以进行非线性分析，如塑性、蠕变、膨胀、大变形、大应变及接触分析。

（2）结构动力学分析　结构动力学分析用于求解随时间变化的载荷对结构或部件的影响。与静力学分析不同，动力学分析要考虑随时间变化的力载荷以及它对阻尼和惯性的影响。ANSYS 可进行的结构动力学分析包括：瞬态动力学分析、模态分析、谐波响应分析及随机振动响应分析。

（3）结构非线性分析　结构非线性会导致结构或部件的响应随外载荷不成比例变化。ANSYS 程序可求解静态和瞬态非线性问题，包括材料非线性、几何非线性和单元非线性三种。

（4）动力学分析　ANSYS 可以分析大型三维柔体运动。当运动的积累影响起主要作用时，可使用这些功能分析复杂结构在空间中的运动特性，并确定结构中由此产生的应力、应变和变形。

（5）热分析　程序可处理热传递的三种基本类型：传导、对流和辐射。热传递的三种类型均可进行稳态和瞬态、线性和非线性分析。热分析还具有可以模拟材料固化和熔解过程的相变分析能力以及模拟热与结构应力之间的热-结构耦合分析能力。

（6）电磁场分析　主要用于电磁场问题的分析，如电感、电容、磁通量密度、涡流、电场分布、磁力线分布、力、运动效应、电路和能量损失等。还可用于螺线管、调节器、发电机、变换器、磁体、加速器、电解槽及无损检测装置等的设计和分析。

（7）流体动力学分析　ANSYS流体单元能进行流体动力学分析，分析类型可以为瞬态或稳态。分析结果可以是每个节点的压力和通过每个单元的流率。并且可以利用后处理功能显示压力、流率和温度分布的图形。另外，还可以使用三维表面效应单元和热-流管单元模拟结构的流体绕流并包括对流换热效应。

（8）声场分析　程序的声学功能用于研究含有流体的介质中声波的传播，或分析浸在流体中的固体结构的动态特性。这些功能可确定音响话筒的频率响应、研究音乐大厅的声场强度分布或预测水对振动船体的阻尼效应。

（9）压电分析　用于分析二维或三维结构对AC（交流）、DC（直流）或任意随时间变化的电流或机械载荷的响应。这种分析类型可用于换热器、振荡器、谐振器、麦克风等部件及其他电子设备的结构动态性能分析。可进行四种类型的分析：静态分析、模态分析、谐波响应分析和瞬态响应分析。

2. ANSYS 软件的基本模块

ANSYS软件主要包括三个部分，分别为：前处理模块、分析计算模块和后处理模块。三大模块详细介绍如下：

（1）前处理模块　主要包含实体建模和网格划分。

1）实体建模。ANSYS程序提供了两种实体建模方法：自顶向下与自底向上。自顶向下时，用户定义一个模型的最高级图元，如球、棱柱，称为基元，程序则自动定义相关的面、线及关键点。用户利用这些高级图元直接构造几何模型，如二维的圆、矩形以及三维的块、球、锥和柱。无论自顶向下还是自底向上进行建模，用户均能使用布尔运算来组合数据集，从而"雕塑出"一个实体模型。ANSYS程序提供了完整的布尔运算，诸如相加、相减、相交、分割、粘结和重叠。创建复杂实体模型时，对线、面、体、基元的布尔操作能减少相当可观的建模工作量，此外，ANSYS程序还提供了拖拉、延伸、旋转、移动、延伸和拷贝实体模型图元的功能，这些都能提高用户的建模效率和速度。

2）网格划分。ANSYS程序提供了使用便捷、高质量的对CAD模型进行网格划分的功能。包括四种网格划分方法：延伸网格划分、映像网格划分、自由网格划分和自适应网格划分。延伸网格划分可将一个二维网格延伸成一个三维网格。映像网格划分允许用户将几何模型分解成简单的几部分，然后选择合适的单元属性和网格控制，生成映像网格。ANSYS程序的自由网格划分器功能十分强大，可对复杂模型直接划分，避免了用户对各个部分分别划分然后进行组装时各部分网格不匹配带来的麻烦。自适应网格划分是在生成具有边界条件的实体模型以后，用户指示程序自动地生成有限元网格，分析、估计网格的离散误差，然后重新定义网格大小，再次分析计算、估计网格的离散误差，直至误差低于用户定义的值或达到用户定义的求解次数。

（2）分析计算模块　包括结构分析（可进行线性分析、非线性分析和高度非线性分析）、流体动力学分析、电磁场分析、声场分析、压电分析以及多物理场的耦合分析，可模拟多种物理介质的相互作用，具有灵敏度分析及优化分析能力。

（3）后处理模块　可将计算结果以彩色等值线显示、梯度显示、矢量显示、粒子流迹显示、立体切片显示、透明及半透明显示（可看到结构内部）等图形方式显示出来，也可将计算结果以图表、曲线形式显示或输出。

16.7.3　NASTRAN 有限元分析软件

NASTRAN 是 1966 年美国国家航空航天局（NASA）为了满足当时航空航天工业对结构分析的迫切需求而主持开发的大型有限元程序。

该程序能有效地求解大模型，其稀疏矩阵算法速度快而且占用磁盘空间少，内节点自动排序以减小半带宽，再启动时能利用以前计算的结果。

并行计算以及线性静力、正则模态分析、模态及直接频率响应分析的分布式并行计算能极大地提高分析速度，解决复特征值问题速度可提高 3 倍以上，虚拟质量计算速度提高 2 倍以上，静力气弹分析（SOL 144）速度提高 30% 以上。

16.7.4　ABAQUS 有限元分析软件

ABAQUS 是一种功能强大的工程模拟有限元软件，其解决问题的范围从相对简单的线性分析到许多复杂的非线性问题。ABAQUS 包括一个丰富的、可模拟任意几何形状的单元库。并拥有各种类型的材料模型库，可以模拟典型工程材料的性能，其中包括金属、橡胶、高分子材料、复合材料、钢筋混凝土、可压缩超弹性泡沫材料以及土壤和岩石等地质材料，作为通用的模拟工具，ABAQUS 除了能解决大量结构（应力/位移）问题，还可以模拟其他工程领域的许多问题，比如热传导、质量扩散、热电耦合分析、声学分析、岩土力学分析（流体渗透/应力耦合分析）及压电介质分析。

ABAQUS 广泛地认为是功能最强的有限元软件，可以分析复杂的固体力学和结构力学系统，特别是能够驾驭非常庞大复杂的问题和模拟高度非线性问题。ABAQUS 不但可以做单一零件的力学和多物理场分析，同时还可以做系统级的分析和研究。相对于其他的分析软件来说 ABAQUS 的系统级分析的特点是独一无二的。由于 ABAQUS 优秀的分析能力和模拟复杂系统的可靠性，使得 ABAQUS 被各国广泛采用。ABAQUS 产品在大量高科技产品研究中都发挥着巨大作用。

16.8　有限元分析实例

齿轮在机械工程领域大学生科技竞赛中使用较为频繁，本节以齿轮作为有限元分析实例。

16.8.1　基于 ANSYS 的齿轮齿条接触应力分析

自升式海洋钻井平台的整机质量以及工作载荷几乎全部施加在升降系统上，因此升降系统安全性能对海洋钻井平台起决定性作用。在升降系统中，齿轮齿条机构是极其重要的组成部件，因此，齿轮齿条机构尤为重要，其安全性和可靠性直接关系到升降系统性能优劣及安全与否，因此在设计方案的基础上对齿轮齿条进行有限元分析，以验证设计方案的安全性和可靠性尤显必要。

1. 齿轮齿条分析参数

自升式海洋钻井平台设有 3 根桩腿，每根桩腿上设有 3 个支腿，每个支腿上对称设有齿条，每根齿条对称布置 6 套升降系统（每边齿条上下布置 3 套升降系统），整个平台安装 54 套升降系统（54 个升降齿轮与齿条啮合）。

攀爬齿轮的基本参数为：模数 $m = 97mm$、齿数 $z = 7$、分度圆压力角 $\alpha = 30°$、齿轮齿宽 200mm。齿轮材料为 SAE4340，该材料的弹性模量为 206GPa，泊松比为 0.3，屈服极限为 745MPa，强度极限为 940MPa，齿廓曲线为渐开线。

支腿齿条的基本参数为：齿条齿宽 240mm、齿条齿距 304.646mm、齿条材料为 ASTM A514 Gr. Q，该材料的弹性模量为 200GPa，泊松比为 0.3，屈服极限为 805MPa，强度极限为 890MPa。

2. 齿轮齿条的有限元分析模型

由齿轮齿条相应的参数建立有限元分析模型有两种方法：①利用三维建模软件 Solid-Works 或 Pro/E 建立齿轮齿条的三维模型，然后利用与有限元分析软件 ANSYS 的接口导入 ANSYS 并作相应的修改即可得到齿轮齿条的有限元分析模型，但这种方法得到的模型往往是近似的，不是精确的有限元分析模型，因此求解结果往往不够精确；②利用有限元分析软件 ANSYS 直接建模，这种方法也可分为两种：①在 ANSYS 中直接利用坐标值由点—线—面—体的顺序建立齿轮或齿条的有限元分析模型；②利用有限元软件的命令流直接建立齿轮或齿条的有限元分析模型。由于齿轮或齿条具有渐开线的齿廓，因此，利用命令流在有限元分析软件 ANSYS 中直接建立齿轮或齿条的有限元分析模型较为精确，也可得到较为精确的求解结果。

利用 AP-DL 语言编写生成渐开线齿廓的程序，自动计算并生成渐开线所需要关键点的坐标值，进而得到生成渐开线齿廓的关键点坐标值，然后由关键点利用样条曲线命令生成单侧渐开线（图 16-2a）。再经过以下操作即可得到有限元分析模型。

1）对单侧渐开线进行对称操作即可得到完成的渐开线齿廓，如图 16-2b 所示。

2）复制单齿齿廓线 7 个，利用线创建面（与另外圆面相减，形成齿廓面）。

3）将上步得到的齿廓面实体拉伸即可得到齿轮齿条有限元分析模型，如图 16-3 所示。

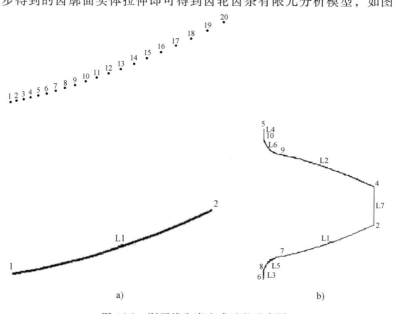

a)   b)

图 16-2　渐开线齿廓生成过程示意图

a）关键点及单侧渐开线示意图　b）单个渐开线齿廓示意图

3. 网格划分

因为桩腿上的齿条实际尺寸较大，齿条数量也较多，加之攀爬齿轮整体尺寸也较大，因此，对完整的齿轮齿条有限元模型进行网格划分时，模型量的大小以及网格过于稠密都会使网格的数量过大，它的直接结果是使得求解过程消耗大量的计算时间，严重时可能导致计算机崩溃。但是，如果划分网格过于稀疏，则划分的网格不能很准确地反映接触齿面的应力云梯，这将会影响求解结果的精度。

综上，我们将建立一对齿轮齿条啮合模型来模拟齿轮齿条接触的实际情况，并对接触面和齿根部位网格加密，这即保证了足够的求解精度，也减少了计算量和求解时间。有限元模型采用 Solid95 单元，接触面上分别采用 Targe170 和 Conta174 设置接触对。网格划分后的齿轮齿条有限元分析模型如图 16-4 所示。

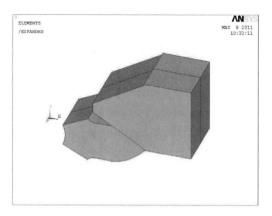

图 16-3　齿轮齿条有限元分析模型

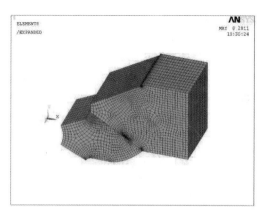

图 16-4　网格划分后的齿轮齿条有限元分析模型

4. 定义接触刚度

在齿轮传动系统的接触分析中，齿轮的接触刚度决定齿轮接触面间的穿透深度，接触刚度太大可能导致总体刚度矩阵引发病态进而使得收敛性变差以至于不能确保收敛性。因此，定义齿面接触刚度时，选择一个"合理的"刚度系数非常有必要，选择原则为：

1）接触刚度系数需要尽量小以免使总体刚度矩阵出现病态。

2）接触刚度系数应该足够大以确保齿面间的接触渗透深度能够满足求解的要求，即穿透深度应该小到不影响求解精度。

然而，在对齿轮传动系统进行静力学分析（接触分析）时，不同的三维静态接触模型、网格划分密度以及约束形式对应的"合理的"刚度不相同，因此，在求解之前很难找到通用的办法来寻求"合理的"刚度系数的最佳值，只有通过一系列的试验尝试才能得到一个比较"合理的"刚度系数。

图 16-5 所示为刚度系数与穿透深度之间的关系曲线在刚度系数为 0.05~0.5 时，穿透深度出现了剧烈的拐点，这表明刚度系数为 0.05~0.5，刚度系数增大，穿透深度急剧减少；刚度系数为 1 到无穷的区间内，穿透深度接近水平线，此区间穿透深度变化较小，此时求解精度已经基本上不受刚度系数的影响。与此同时，不断增大刚度系数会使得求解所需要的迭代次数不断增多，这必将会增加求解时间。

综上，为平衡求解时间和求解精度之间的矛盾，选取接触齿面的刚度系数为 1。

5. 添加约束和施加载荷

对于齿轮与齿轮的啮合分析或者齿轮与齿条的啮合分析，一般在主动轮上施加扭矩或在其安装孔的表面施加切向力。对于自升式海洋钻井平台，平台主体结构上升时，桩腿插入海底处于静止状态，攀爬齿轮牵引平台主体沿齿条向上爬升，故有限元分析模型求解前可以有两种方法施加约束：

1）对攀爬齿轮施加扭矩，将固定约束赋予焊接在桩腿上的齿条。

2）在齿轮轴心处施加固定约束，在齿条上端面施加作用力（载荷）。

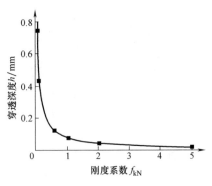

图 16-5　刚度系数和穿透深度
之间的关系曲线

在不同工况下，自升式海洋钻井平台桩腿承受的载荷不一样，在这些工况中，预压状态下的载荷最大，因此，对有限元分析模型施加的载荷选取自升式海洋钻井平台在预压状态下的载荷。此工况下，齿轮齿条爬升系统所承受的有效载荷为 15600t，则单个爬升系统所承受的载荷为 288.89t。

6. 有限元分析结果

图 16-6 所示为齿轮齿条的 Von mises 应力分布云图。由图可知，齿轮齿条静力学分析的最大应力出现在齿轮齿条相接触的部分，二者的齿根应力相对较小。对于齿轮，齿轮齿根圆以内部位的应力相对较小，应力较大的部位出现在齿轮与轮齿的接触区域和齿根部位。对于齿条，应力最大的部位出现在与齿轮相接触的区域，其他部位应力相对较小。

图 16-7 所示为接触齿轮上的 Von mises 应力分布云图。图 16-8 所示为齿条上的 Von mises 应力分布云图。由图可知，对于接触齿轮和齿条，应力最大的部位都出现在相接触的区域，即接触面上，并且相接触区域的应力都呈带状分布，

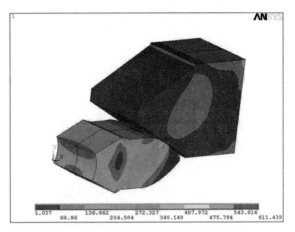

图 16-6　齿轮齿条的 Von mises 应力分布云图

同时沿着齿厚方向呈对称分布，只是二者的最大应力值不同。

由图 16-7 可知，接触面上带状区两端的应力最大，应力值为 611.4MPa，同时，齿轮齿根的应力也相对较大，受拉侧齿根应力小于受压侧齿根应力。此外，接触区域局部出现了应力集中，离接触区域较远的部位应力下降较快。由图 16-8 可知，接触面上最大应力也出现在接触区域的两端，其值大小为 590.88MPa，整个齿条的受压侧齿根出现较大应力，受拉侧齿根出现较小应力。

因此，爬升齿轮的屈服极限为 745MPa，强度极限为 940MPa，支腿齿条的屈服极限为 805MPa，强度极限为 890MPa，二者的应力有限元分析值均小于许用应力值，设计强度均满足强度要求。

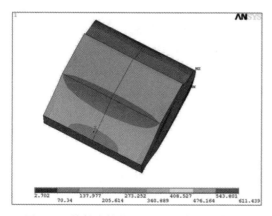

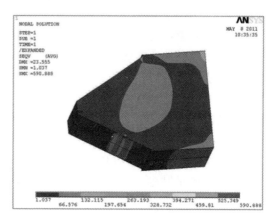

图 16-7　接触齿轮的 Von mises 应力分布云图　　　图 16-8　齿条的 Von mises 应力分布云图

16.8.2　行星轮系静力学分析

接触是一个复杂的非线性问题，它涉及接触状态的改变，还可能伴随有热、电等过程。齿轮的啮合是一种典型的接触行为。一对齿轮的啮合过程是从动轮齿顶与主动轮齿根啮合时开始，主动轮齿顶与从动轮齿根啮合时结束。齿轮啮合过程中，随着轮齿啮合对数的变化、接触区的改变、齿面的弹性变形和齿面载荷分布的非线性等复杂因素的影响，使得齿轮的接触强度计算变得异常复杂，准确分析齿轮接触问题变得相当困难。齿轮传动瞬时单齿对啮合的情况是齿轮受载。由同类产品在工作中损坏的经验看，太阳轮—行星轮啮合是最容易发生故障的地方。太阳轮—行星轮之间的接触应力大小也是我们最关心的问题，由于有行星架受力变形带来的影响，使用传统的计算方法不能精确地计算出齿面接触应力，这就需要有限元三维接触分析。

图 16-9　第一级行星轮系太阳轮与
一个行星轮啮合的三维模型

1. 分析参数

该节以风力发电机增速器第一级行星轮系太阳轮与行星轮接触为例，对太阳轮与一个行星轮啮合进行静力学分析。增速器的部分参数见表 16-1，第一级行星轮系太阳轮与一个行星轮啮合的三维模型如图 16-9 所示。

表 16-1　增速器的部分参数

额定功率		1500kW	
输入转速		24.78r/min	
分度圆压力角		20°	
级数	第一级	第二级	第三级
	行星轮数目（$N=3$）		
轮系	行星轮系	行星轮系	平行轴轮系
齿数	$Z=15/27/69$	$Z=20/34/88$	$Z=68/33$
模数	18	14	5.5
传动比	5.6	5.4	2.06
总传动比		62.3	

2. 建立有限元模型

该实体模型是通过已经在 SolidWorks 建立的装配模型以 X.T 的格式导入 ANSYS。由于通用转换文件格式具有缺陷，必须对转换后的模型进行修复。同时根据齿轮的特殊结构，对齿轮装配模型采用三维实体单元进行单元划分。其次，单元的选择，ANSYS 中有多种实体结构单元可供选择，如 SOLID45、SOLID95 等。SOLID45 单元用于三维实体结构模型，由 8 个节点结合而成，每个节点有 $XYZ3$ 个方向的自由度。该单元具有塑性、蠕变、膨胀、应力强化、大变形和大应变的特征，可以获得简化的综合微控选项。类似单元有适用于各向异性材料的 SOLID64 单元，SOLID95 是比三维 8 节点 SOLID45 单元更高的单元类型，是在转形 8 节点 SOLID45 的基础上增加中间节点。它可以接受不规则的形状，并且不损失精度。SOLID95 单元具有协调的位移函数并且能很好地模拟边界曲线。SOLID95 单元通过 20 个节点来定义，每个节点有 3 个自由度：转化为节点坐标系下的 X、Y、Z 方向，单元也可有任何的空间定位。SOLID95 单元具有塑性、蠕变、应力强化、大变形和大应变等能力。然而，采用高阶单元要花费更多的计算资源。对齿轮进行接触分析，由于齿面受力变形很小，采用 SOLID45 单元划分网格就能得到精确的结果，而单元和节点数目比采用 SOLID95 单元划分网格少得多。此外，在模型单元的选择上，也要考虑既能满足非线性接触的大变形位移要求，又要能适合模型的网格划分要求。网格的划分对有限元分析的计算量和准确性影响很大，一般网格划分越小，计算精度越高，所需要的计算机资源、运算时间也越多。网格化后节点总数为 39157 个，单元总数为 134612 个，建立的有限元网格模型如图 16-10 所示。

3. 建立接触对

对于接触分析，必须认识到模型在变形期间哪些地方可能发生接触，识别出潜在的接触面并通过目标单元和接触单元来定义它们。对于齿轮啮合，两齿轮相互接触的齿面就是接触对。

太阳轮和行星齿轮齿面的三维接触分析是柔体—柔体的面面接触类型。轮齿在变形区域可能发生接触，在已经识别出潜在接触面的基础上，应通过目标单元与接触单元来定义它们，目标单元与接触单元跟踪变形阶段的运动，构成一个接触对的目标单元，和

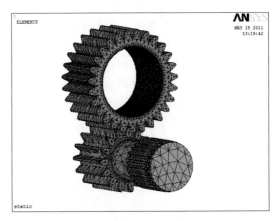

图 16-10　有限元网格模型

接触单元通过共享的实常数号联系起来。对于大多数接触问题，接触向导将是一个构造接触对的简单方法。使用接触向导可以自动定义单元类型和实常数设置，快速得到接触选项和参数。

确定接触面和目标面的原则是：

1）如果凸面与平面或凹面接触，平面或凹面应该是目标面。

2）如果一个表面网格粗糙，另一个表面网格较细，那么网格粗糙的表面应该是目标面。

3）如果一个表面比另一个表面刚度大，那么刚度大的表面应该是目标面。

4）如果一个表面划分为高次单元，而另一个表面划分为低次单元，那么划分为低次单

元的表面应该是目标表面。

5）如果一个表面比另一个表面大，那么较大的表面应该是目标面。

对太阳轮和行星齿轮进行分析，按照上述原则的第 3 条，根据太阳轮的表面刚度比行星齿轮的表面刚度大，选择太阳轮的齿面为目标面，行星齿轮的齿面为接触面，建立了 1 对接触对，如图 16-11 所示，绿色的表示是目标面，褐色的表示是接触面（扫码）。

4. 施加有限元模型的约束和载荷

物体表面某一小面积上作用的外力力系，如果被一个静力等效的力系所替代，那么物体内部只能使局部应力发生改变。而在距离力的作用点较远处，其影响可以忽略不计。对太阳轮—行星轮的齿面接触分析，在不考虑行星架变形的情况下，可将行星轮内孔节点进行径向和轴向约束，释放其切向自由度，并且在行星轮与太阳轮接触的齿面上施加工作扭矩来模拟太阳轮和行星轮工作时的受力情况，这样只是在施加载荷的局部应力与工作时所受的力不同，在离加载点稍远的地

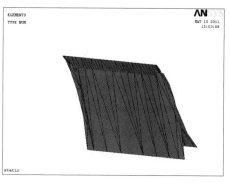

图 16-11　齿轮接触对

方，其受力状况与工作时基本相同。由于 ANSYS 不能直接加载扭矩，因此要把扭矩换算成相当的力，加载到节点上。具体方法是先转换坐标系到柱坐标下，再将行星齿轮接触面上节点的节点坐标旋转到柱坐标下，再在节点上施加 y 方向（柱坐标 y 方向即切向）的力。集中力的大小由式（16-13）确定，集中力的方向为逆时针方向。

$$F_y = \frac{M_s}{r_{01} \times num_n} \tag{16-13}$$

式中，M_s 为行星轮传递的转矩（N·m）；r_{01} 为齿轮内圈半径（m）；num_n 为齿面节点总数。

对于本例：

$M_s = 34377\text{N·m}$；$r_{01} = 0.228\text{m}$；$num_n = 144$。

即

$$F_y = \frac{M_s}{r_{01} \times num_n} = \frac{34377}{0.228 \times 144}\text{N} = 1044.1\text{N}$$

考虑行星齿轮的实际安装方式，所以对行星齿轮内孔面的节点坐标系采用圆柱坐标系，施加节点的轴向和径向约束位移，对太阳轮进行轴向约束和径向约束，释放其切向自由度，施加约束和载荷，其模型如图 16-12 所示。

5. 选择分析类型并设置分析选项

接触问题的收敛性随问题类型不同而有所差别。通常在大多数面—面的接触分析中应使用的选项有：①激活自动时间步长选项，让程序自动选择足够小的时间步长命

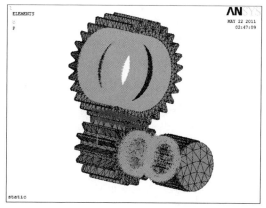

图 16-12　施加约束和载荷的模型

令。如果时间步长太大，则接触力的光滑传递会被破坏，设置精确时间步长可信赖的方法是打开自动时间步长。②使用修改的刚度阵命令。如果在迭代期间接触状态发生变化，结构可能不连续。为了避免收敛太慢，使用修改的刚度阵，将牛顿-拉普森选项设置成 FULL。不要使用自下降因子，对面-面接触问题，自适应下降因子通常不会提供任何帮助，应该关掉。③选择合理的平衡迭代次数。一个合理的平衡迭代次数通常为 25～50。④使用线性搜索命令，因为大的时间增量会使迭代趋向于不稳定，使用线性搜索选项来使计算稳定化。⑤打开时间步长预测器选项命令。除非在大转动和动态分析中，否则均应打开。⑥选择合适的接触刚度。接触分析中许多不收敛问题是由于使用了太大的接触刚度引起的，可以通过设置接触单元的实常数和单元选项来获得合适的接触刚度。

6. 求解

所有步骤设置完成后就可以对接触问题进行求解，分析过程与一般的非线性问题分析过程相同。另外非线性问题分析对硬件要求较高，有时由于设置不当造成求解不能收敛，因此需注意观察 ANSYS 输出窗口，如出现不收敛或错误提示应中止求解，检查模型各种设置再重新求解。

7. 查看分析结果—接触分析的结果

位移、应力、应变、支反力和接触信息（接触压力、滑动等）可以在一般的后处理器（POST1）或时间历程后处理器（POST26）中查看分析结果。注意：①为了在 POST1 中查看分析结果，数据库文件所包含的模型必须与用于求解的模型相同。②数据库内必须有结果文件。③POST1 后处理接触问题的过程与其他类型的后处理过程大致相同，都是在保持分析结果可靠的基础上察看各个参数的变化。具体的 POST1 后处理过程大致如下：

1）检验分析是否收敛，保证分析结果可靠。如果不收敛，应分析为什么不收敛，重新回到前处理或求解设置部分，找出原因重新计算。如果已经收敛，继续后处理，进入 POST1。如果模型不在当前的数据库中，使用恢复命令（resume）来恢复它。

2）读入所期望的载荷步和子步的结果。

3）显示变形后的形状和各方向上的位移，如图 16-13 和图 16-14 所示，分析结果，得到最大位移是 0.242mm，满足设计要求。

4）显示参数等值线图，如图 16-14 所示，得出最大应力为 990MPa。

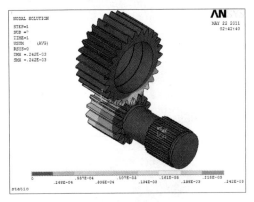

图 16-13　变形后的形状

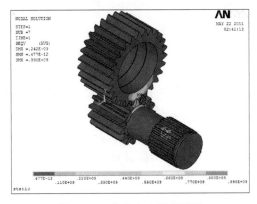

图 16-14　综合应力等值线图

5）显示单元列表数据。在需要时可以显示单元列表数据，限于篇幅，这里不给出单元列表数据。

6）列表显示结果数据。可以在后处理程序中列表显示结果数据，生成结果报表。

7）显示接触动画。后处理程序中可以显示接触动画。观看齿轮啮合时应力应变由小到大的过程，以对齿轮啮合过程有更直观的认识。

对结果进行分析主要是对太阳轮与行星轮外啮合接触强度及弯曲强度校核，太阳轮和行星轮的材料选用 20CrMnTi，渗碳淬火，齿面硬度 56～60HRC，查阅手册，选取 σ_{Hlim} = 1500MPa，σ_{Flim} = 480MPa。

输入轴转矩：$\qquad T = 9550P/n = 578087\text{N} \cdot \text{m}$，$n = 24.78\text{r/min}$

太阳轮受到转矩：$\qquad T_1 = \dfrac{T}{i} = \dfrac{578087}{5.6}\text{N} \cdot \text{m} = 103230\text{N} \cdot \text{m}$

行星轮转矩：$\qquad T_2 = \dfrac{T_1}{3} = \dfrac{103230}{3}\text{N} \cdot \text{m} = 34377\text{N} \cdot \text{m}$

齿面接触疲劳强度 σ_H：

$$k = k_A k_V k_\beta k_\alpha = 2.063$$

$$\sigma_H = Z_H Z_E Z_\beta \sqrt{\frac{kF_t}{bd_2} \times \frac{u+1}{u}} = 1374\text{MPa}$$

式中，Z_H 为节点区域系数；Z_E 为材料弹性系数（$\sqrt{\text{MPa}}$）；Z_β 为接触强度的重合度与螺旋角系数；F_t 为分度圆上的名义切向力（N）；b 为齿轮齿宽（mm）；d_2 为太阳轮分度圆直径（mm）；u 为齿轮比；k_A 为使用系数；k_V 为动载系数；k_β 为接触强度的齿向载荷分布系数；k_α 为接触强度的齿间载荷分布系数。

在有限元中计算出的最大应力值为 990MPa，按赫兹公式计算的理论最大应力值为 1374MPa，计算结果满足材料的许用接触应力要求。

16.8.3 ANSYS Workbench 模态分析

ANSYS Workbench 作为 ANSYS 公司于 2002 年开发的新一代产品研发平台，不但继承 ANSYS 经典平台（ANSYS Classic）在有限元分析上的所有功能，而且融入了 UG\Pro/E 等 CAD 软件强大的几何建模功能和 ISIGHT\BOSS 等优化软件在优化设计环境下完成产品研发过程中的所有工作，从而大大简化了产品的开发流程，加快了上市周期。

相对于 ANSYS，ANSYS Workbench 具有强大的装配体自动分析功能。针对航空、汽车电子产品结构复杂、零部件众多的技术特点，ANSYS Workbench 可以识别相邻的零部件并自动设置接触关系，从而可节省模型建立时间。除此之外，ANSYS Workbench 还提供了许多工具，以方便手动编辑接触表面或为现有的接触指定接触类型。现以第一级行星轮系太阳轮与行星轮啮合为例，介绍 ANSYS Workbench 的分析过程。

（1）导入几何模型 导入在 SolidWorks 软件中创建的几何模型 "zhuangpei. x_t"，导入之后的模型如图 16-15 所示。

（2）添加材料信息 材料参数为弹性模量 2.1×10^{11}Pa，泊松比 0.3，密度 7850kg/m³，如图 16-16 所示。

（3）设定接触选项 装配体自动识别接触，接触选项如图 16-17 所示。

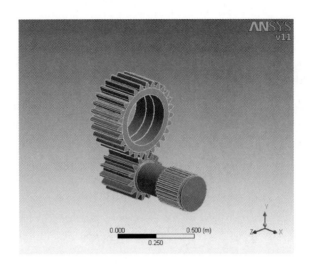

图 16-15　几何模型

Structural	Add/Remove Properties
☐ Young's Modulus	2.1e+011 Pa
☐ Poisson's Ratio	0.3
☐ Density	7850. kg/m³
☐ Thermal Expansion	0. 1/° C

Thermal	Add/Remove Properties
☐ Thermal Conductivity	0. W/m·° C
☐ Specific Heat	0. J/kg·° C

Electromagnetics	Add/Remove Properties
☐ Relative Permeability	0.
☐ Resistivity	0. Ohm·m

图 16-16　材料信息

Scope	
Scoping Method	Geometry Selection
Contact	2 Faces
Target	1 Face
Contact Bodies	配对齿轮PGR--01--13
Target Bodies	齿轮轴PGR--01--23
Definition	
Type	Bonded
Scope Mode	Automatic
Behavior	Symmetric
Suppressed	No
Advanced	
Formulation	Pure Penalty
Normal Stiffness	Program Controlled
Update Stiffness	Never
Thermal Conductance	Program Controlled
Pinball Region	Program Controlled

图 16-17　接触选项

（4）网格划分　采用自由划分网格，划分好的模型如图 16-18 所示。

（5）选择分析类型　选择模态分析 Modal。

（6）施加约束　对太阳轮施加圆柱约束，并使其切向自由度为自由；对行星轮同样施加圆柱约束，并使其切向自由度为自由。施加的约束如图 16-19 所示。

（7）设定求解（结果）参数，即设定要求解的物理量　设置模态求解参数，求解前 10 阶模态，观察整体位移。

（8）求解并观察求解结果　装配体的振型与特征频率如图 16-20～图 16-30 所示。

同时，ANSYS Workbench 提供查看各个方向的变形，图 16-31 所示为 Z 轴方向上的变形。

通过模态分析可以确定结构部件的频率响应和模态，本例计算了前十阶固有频率和振型，从而得到固有频率的分布状态以及对应的振型，从结果中看出前 10 阶振型主要集中在行星齿轮，太阳轮振动相对较小。由于齿轮自由振动的各阶频率高于固有频率，故齿轮在自由振动时不会共振，增速器整个系统不会振动破坏。

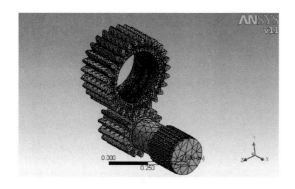

图 16-18 网格划分

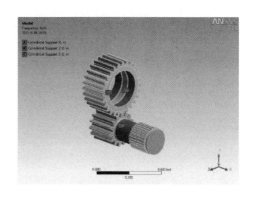

图 16-19 施加约束的模型

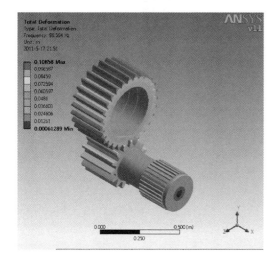

图 16-20 第 1 阶

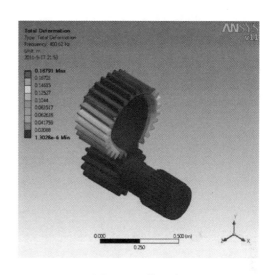

图 16-21 第 2 阶

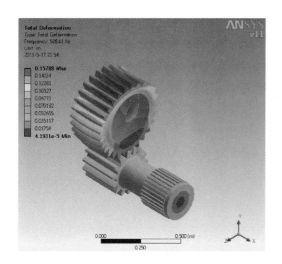

图 16-22 第 3 阶

图 16-23 第 4 阶

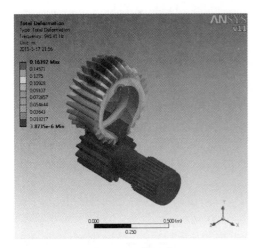

图 16-24　第 5 阶

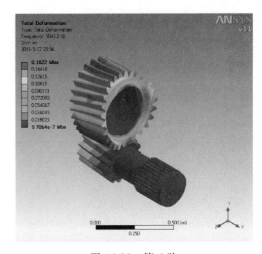

图 16-25　第 6 阶

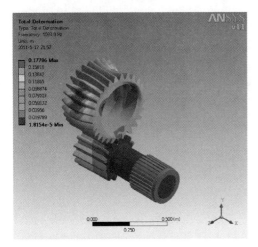

图 16-26　第 7 阶

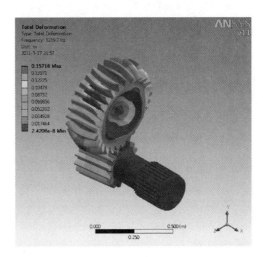

图 16-27　第 8 阶

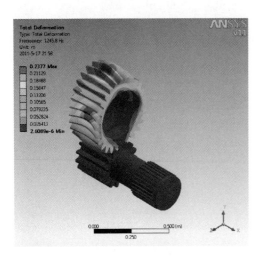

图 16-28　第 9 阶

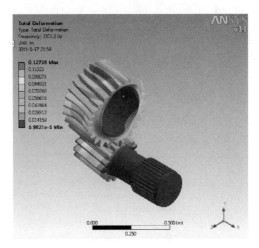

图 16-29　第 10 阶

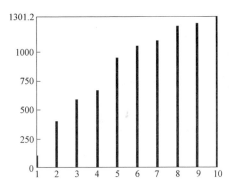

Mode	✔ Frequency [Hz]
1.	98.594
2.	400.62
3.	588.61
4.	665.73
5.	945.41
6.	1043.2
7.	1093.9
8.	1219.2
9.	1245.8
10.	1301.2

图 16-30　10 阶特征频率图标显示

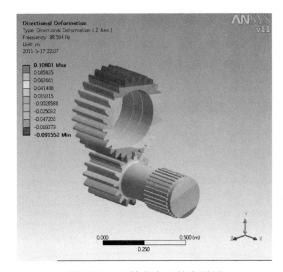

图 16-31　Z 轴方向上的变形图

第17章

机械产品动力学分析与仿真

17.1 多体系统动力学模型的求解过程

多体系统包含多刚体系统和多柔体系统。机械系统的动力学仿真分析包括建模和求解两个模块。多体系统动力学分析过程分为：从初始几何模型动力学模型的建立，再对模型进行数值求解，最后得到分析结果，其流程如图 17-1 所示。

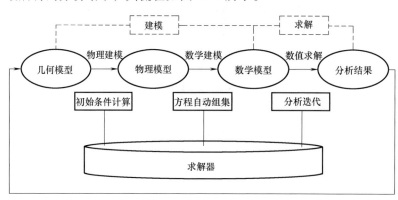

图 17-1 多体系统动力学模型求解过程

对求解过程流程图的几点说明：

（1）建模模块 几何模型可以直接在动力学分析软件中创建，也可以从通用三维实体建模软件中导入。在几何模型上施加运动学约束、驱动约束、力元等物理要素，可以得到表达系统力学特性的物理模型。采用笛卡尔坐标或拉格朗日坐标，使用自动建模技术，在物理模型的基础上组合系统运动方程中的各系数矩阵，就可得到数学模型。

（2）求解模块 求解器是核心，它提供求解所需的全部算法，支持初始条件计算、方程自动组装、各种类型的数值求解等。结果分析需要有专门的数值后处理器来支持，以提供曲线和动画显示以及其他各种辅助分析手段。

（3）建模和求解全过程 该过程涉及几种类型的运算和求解。初始条件计算涉及物理建模过程中的几何模型装配，这是根据运动学约束和初始位置条件完成的，是非线性方程的求解问题。

17.2　多刚体系统动力学分析计算理论

基于约束的多体系统运动学，首先寻求与系统中运动副等价的位置约束代数方程，再由位置约束方程的导数得到速度、加速度的约束代数方程，对这些约束方程进行数值求解，可得到广义位置坐标及相应的速度和加速度坐标，再坐标变换就可以由系统广义坐标及相应导数得到系统中任何一点的位置、速度和加速度。下面结合多刚体系统的构成、系统坐标系、系统自由度、速度加速度方程、动力学方程等对多刚体动力学分析计算理论进行阐述。

17.2.1　多刚体系统的坐标系

合理设置坐标系可以简化机械系统的运动分析。在机械系统运动分析过程中，经常使用3种坐标系：

（1）地面坐标系（Ground Coordinate System）　地面坐标系即系统的绝对坐标系，是固定于地面上的坐标系。在 ADAMS 软件中，所有部件的位置、方向和速度都用地面坐标系表示。

（2）局部参考坐标系（Local Part Reference Frame，LPRF）　每一个构件有一个局部参考坐标系（LPRF），其位置和方向相对于地面坐标系定义，随部件一起运动。在 ADAMS 中，局部构件参考坐标系缺省时与地面坐标系重合。

（3）标架坐标系（Marker System）　标架坐标系是各部件拥有的内部坐标系，分为固定标架（Fixed Marker）和浮动标架（Floating Marker）两类。固定标架固结于部件上，并与部件一起运动，可用于定义部件的图形边界、质心、作用力和约束；浮动标架相对于构件运动，用以确定其作用力，力和约束自动标明标记的位置和方向。

17.2.2　多刚体系统自由度的计算

机械系统的自由度表示机械系统中各构件相对地面机架所具有的独立运动数量。机械系统的自由度 F 计算公式为

$$F = 6n - \sum_{i=1}^{m} p_i - \sum_{j}^{x} q_j - \sum R_k \tag{17-1}$$

式中，n 为活动部件总数；p_i、m 分别为 i 个运动副的约束条件数和运动副总数；q_j、x 分别为第 j 个原动机的驱动约束条件数和原动机总数；R_k 为其他的约束条件数。

机械系统的自由度 F 与构成机械的构件数量、运动副的类型和数量、原动机的类型和数量以及其他约束条件有密切的关系。

1）当 $F \leqslant 0$ 且 $\sum_{i=1}^{m} p_i = 0$ 时，机械系统变为刚性系统，构件间无相对运动。

2）当 $F < 0$ 且 $\sum_{j}^{x} q_j > 0$ 时，表示刚性机械系统中设置有原动机，此时原动机将无法运动或者机械系统将在薄弱处遭到破坏。

3）当 $F = 0$ 且 $\sum_{j}^{x} q_j > 0$ 时，机械系统具有确定的运动。

4）当 $F>0$ 时，机械系统没有确定的相对运动，此时机械系统在阻力约束条件下按牛顿定律，向阻力最小的方向运动。

由式（17-1）可以推算出 ADAMS 中自由度的计算公式为

$$DOF = 6(n-1) - \sum_{i=1} n_i \qquad (17\text{-}2)$$

式中，n 为系统的部件数目（包括地面）；n_i 为系统内各约束所限制的自由度数目。

机械系统的自由度 DOF 与机械系统的运动特性有密切的关系，在 ADAMS 软件中，每一个自由度至少对应一个运动学意义上的方程，机构的自由度决定了该机构的分析类型即运动学分析或动力学分析。

1）当 $DOF>0$ 时，要对机构进行动力学分析，包括静力学分析、准静力学分析和瞬态动力学分析等，动力学的运动方程就是机构中运动的拉格朗日乘子微分方程和约束方程组成的方程组。

2）当 $DOF=0$ 时，要对机构进行运动学分析，运动学分析中，当某些构件的运动状态确定后，其余构件的位移、速度和加速度随时间变化的规律，通过位移的非线性代数方程与速度、加速度的线性代数方程迭代运算解出。

3）当 $DOF<0$ 时，机构处于超静定状态，这类问题属于超静定问题，ADAMS 无法解决。如要分析，必须解除超静定。

17.2.3　多刚体系统速度、加速度方程

固定于局部参考坐标系 $O'x'y'z'$ 中的构件（质点）P 在绝对坐标系 $Oxyz$ 中的位置矢量可以由式（17-3）确定，具体矢量关系变换见图 17-2。

$$\boldsymbol{r}_P = \boldsymbol{r} + \boldsymbol{s}_P = \boldsymbol{r} + \boldsymbol{A}\boldsymbol{s}'_P \qquad (17\text{-}3)$$

式中，$\boldsymbol{r}_P$ 为点 P 在绝对坐标系 $Oxyz$ 的坐标；$\boldsymbol{r}$ 为局部坐标系 $O'x'y'z'$ 的原点 O' 在绝对坐标系 $Oxyz$ 中的坐标；$\boldsymbol{s}_P$ 为矢量 $\boldsymbol{s}_P$ 在绝对坐标系 $Oxyz$ 中的坐标，$\boldsymbol{s} = [s_x,\ s_y]^T$；$\boldsymbol{s}'_P$ 为矢量 $\boldsymbol{s}_P$ 在局部坐标系 $O'x'y'z'$ 中的坐标，$\boldsymbol{s}' = [s_{x'},\ s_{y'}]^T$；$\boldsymbol{A}$ 为旋转变换矩阵，局部参考坐标系 $O'x'y'z'$ 相对于绝对坐标系 $Oxyz$ 的方向余弦矩阵。其形式为

$$\boldsymbol{A} = [\boldsymbol{f}, \boldsymbol{g}, \boldsymbol{h}] = \begin{bmatrix} a_{11} & a_{12} & a_{13} \\ a_{21} & a_{22} & a_{23} \\ a_{31} & a_{32} & a_{33} \end{bmatrix}$$

式中，$\boldsymbol{f}$、$\boldsymbol{g}$ 和 $\boldsymbol{h}$ 分别为连体坐标系 $O'x'y'z'$ 坐标轴 $O'x'$、$O'y'$ 和 $O'z'$ 的单位矢量。方向余弦矩阵 $\boldsymbol{A}$ 为正交矩阵，因此，$\boldsymbol{A}$ 中 9 个变量受 6 个独立方程约束，方向余弦矩阵中只存在说明 3 个转动自由度的独立变量。

将式（17-3）对时间求一阶导数，可得任意点的速度变换公式

$$\dot{\boldsymbol{r}}_P = \dot{\boldsymbol{r}} + \dot{\boldsymbol{A}}\boldsymbol{s}_P = \dot{\boldsymbol{r}} + \boldsymbol{A}\overline{\boldsymbol{\omega}}\boldsymbol{s}_P \qquad (17\text{-}4)$$

式中，$\boldsymbol{\omega}$ 为局部参考坐标系 $O'x'y'z'$ 相对于绝对坐标系 $Oxyz$ 的角速度矢量。

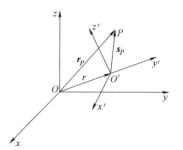

图 17-2　三维空间位置变换坐标系

将式（17-3）对时间求二阶导数，可得任意点的加速度变换公式

$$\ddot{A} = \dot{\overline{\omega}}A + \overline{\omega}^2 A \tag{17-5}$$

式中，$A = \omega A + \omega^2 A$。

综上，推导出各离散时刻广义坐标下的速度和加速度的表达式，对于任意一个由局部坐标确定的杆件上的点，都可以应用这些表达式求解其速度和加速度，这是机械系统动力学分析的基础。

17.3　多柔体系统动力学分析计算理论

多柔体系统动力学是相对多刚体系统动力学概念而言的，它是多体系统动力学的另一个方面。多柔体系统动力学是在多刚体系统动力学的基础上考虑部件的变形，主要研究由可变形物体以及刚体所组成的系统在经历大范围空间运动时的动力学行为；多柔体系统的动力学方程是多刚体系统动力学方程和结构动力学方程的综合与推广，对柔体的研究中，可以从速度、加速度、动力学等方程着手，作为一门多学科交叉的边缘性新学科，尚需在吸取各相关学科研究成果的基础上去创建自己的完整体系和方法。

17.3.1　多柔体系统中的坐标系

分析多柔体系统要选择合适的坐标系。多柔体系统中的坐标系如图 17-3 所示：其中，e^r 为惯性坐标系，它不随时间的变化而变化；e^b 是为了描述柔体运动而在柔体上建立的动坐标系，它可以相对惯性坐标系移动和转动。动坐标系在惯性坐标系中的坐标（移动、转动）称为参考坐标。

由于柔体上各点之间有相对运动，则随着柔体形变而变化的坐标系（即浮动坐标系）作为动坐标系。这是因为柔体是变形体，体内各点的相对位置、时刻都在变化，要准确描述该柔性体在惯性坐标系中的位置，引入弹性坐标来描述柔性体上各点相对动坐标系统的变形，这使得柔性体上任一点的运动就是动坐标系的刚性运动与弹性变形的合成运动。柔性体的浮动坐标系如图 17-4 所示，图中动坐标系 $x_1 O_1 y_1$ 始终沿 Link1 的切线方向，动坐标系 $x_2 O_2 y_2$ 始终沿 Link2 的割线方向。

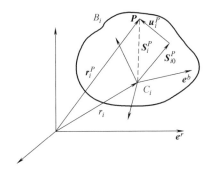

图 17-3　多柔体上任意点 P 的坐标描述

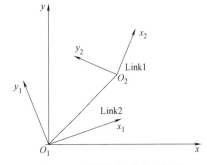

图 17-4　柔性体的浮动坐标系

确定浮动坐标系的准则：①便于方程建立求解；②柔性体刚体运动与变形运动的耦合尽量小。目前常见的浮动坐标系大致有如下 5 种：局部附着框架、中心惯性主轴框架、蒂斯拉

德（Tisserand）框架、巴克凯恩斯（Buckens）框架以及刚体模态框架，根据实际问题来选择合适的坐标系。图 17-5 所示为多柔体系统与多刚体系统的区别与联系。

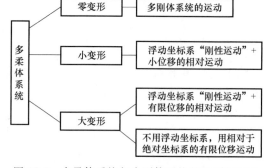

图 17-5　多柔体系统与多刚体系统的区别与联系

17.3.2　多柔体系统速度、加速度方程

对于柔性体上任意一点 P，其位置向量为

$$r = r_0 + A(s_P + u_P) \tag{17-6}$$

式中，r 为 P 点在惯性坐标系中的向量；r_0 为浮动坐标系原点在惯性坐标系中的向量；A 为方向余弦矩阵；s_P 为柔体未变形时 P 点在浮动坐标系中的向量；u_P 为相对变形向量，u_P 可以用不同的方法离散化，采用模态坐标来描述为：$u_P = \Phi_P q_f$，式中，Φ_P 为点 P 满足里兹基向量要求的假设变形模态矩阵，q_f 为变形的广义坐标。

将式（17-6）对时间求一阶导数，可得任意点的速度变换公式

$$r_P = r_0 + A(s_P + u_P) + A\Phi_P q_f \tag{17-7}$$

将式（17-6）对时间求二阶导数，可得任意点的速度变换公式

$$r_P = r_0 + A(s_P + u_P) + 2A\Phi_P q_f + A\Phi_P q_f \tag{17-8}$$

17.3.3　多柔体系统动力学方程

柔体的运动方程从下列拉格朗日方程导出

$$\begin{cases} \dfrac{d}{dt}\left(\dfrac{\partial L}{\partial \xi}\right) - \dfrac{\partial L}{\partial \xi} + \dfrac{\partial \Gamma}{\partial \xi} + \left[\dfrac{\partial \Psi}{\partial \xi}\right]^{\mathrm{T}} \lambda - Q = 0 \\ \Psi = 0 \end{cases} \tag{17-9}$$

式中，Ψ 为约束方程；λ 为对应于约束方程的拉氏乘子；ξ 为广义坐标；Q 为投影到 ξ 上的广义力；L 为拉格朗日项，定义为 $L = T - W$，T 和 W 分别表示动能和势能；Γ 表示能量损耗函数。

将求得的 T，W，Γ 代入式（17-9），得到最终的运动微分方程为

$$M\xi - \frac{1}{2}\left[\frac{\partial M}{\partial \xi}\xi\right]^{\mathrm{T}}\xi + K\xi + f_g + D\xi + \left[\frac{\partial \Psi}{\partial \xi}\right]^{\mathrm{T}}\lambda = Q \tag{17-10}$$

式中，ξ 为柔性体的广义坐标及其时间导数；M 为柔性体的质量矩阵及其对时间的导数；$\dfrac{\partial M}{\partial \xi}$ 为质量矩阵对柔性体广义坐标的偏导数，它是一个 $(M+6) \times (M+6) \times (M+6)$ 维张量，M 为模态数。

17.3.4　多柔体系统能量方程

1. 系统的动能方程

柔体的广义坐标为：

$$\boldsymbol{\xi} = \begin{bmatrix} x & y & z & \psi & \theta & \phi & q_i(i=1,\cdots,M) \end{bmatrix}^{\mathrm{T}} = \begin{bmatrix} \boldsymbol{r} & \boldsymbol{\psi} & \boldsymbol{q} \end{bmatrix}^{\mathrm{T}} \tag{17-11}$$

速度表达式（17-7）在系统广义坐标式（17-11）的时间导数 $\dot{\boldsymbol{\xi}}$ 中表示为

$$v_{\mathrm{p}} = \begin{bmatrix} I & -A(s_P+u_P)B & A\boldsymbol{\Phi}_P \end{bmatrix} \xi \tag{17-12}$$

则柔性体的动能为

$$T = \frac{1}{2}\int_V \rho v^T v \mathrm{d}V \approx \frac{1}{2}\sum_P m_P v_P^T v_P + \omega_P^{GBT} I_P \omega_P^{GB} \tag{17-13}$$

式中，m_P 和 $\boldsymbol{I}_P$ 分别为节点 P 的节点质量和节点惯性张量；$\omega_P^{GB}=B_P\psi$ 为 B 点的角速度相对于全局坐标系在局部坐标系中的斜方阵。将关系式 $\omega_P=B_P\psi$ 代入式（3-18），得到动能的广义表达式：

$$T = \frac{1}{2}\xi^T M(\xi)\xi \tag{17-14}$$

2. 系统的势能方程

势能一般分为重力势能和弹性势能两部分，可用下列二次项表示

$$W = W_g(\xi) + \frac{1}{2}\xi^T K\xi \tag{17-15}$$

式中，K 为对应于模态坐标 q 的结构部件的广义刚度矩阵，通常为常量。W_g 为重力势能，计算公式

$$W_g = \int_W \rho r_P \cdot g \mathrm{d}W = \int_W \rho \begin{bmatrix} r_B + A(s_P + \Phi_P q) \end{bmatrix}^{\mathrm{T}} g \mathrm{d}W \tag{17-16}$$

17.4　ADAMS 机械系统动力学分析软件

17.4.1　软件简介

ADAMS（Automatic Dynamic Analysis of Mechanical System）软件是由美国机械动力公司 MDI（Mechanical Dynamics Inc.）公司（现已经并入美国 MSC 公司）开发的机械系统动态仿真软件，是世界上最具权威性的、全球占有率最高的机械系统动力学分析软件之一。

ADAMS 软件是集建模、求解、可视化技术于一体的虚拟样机软件，广泛应用于航空航天、汽车工程、铁路车辆及装备、工业机械、工程机械等领域，使用这套软件可以自动生成包括机—电—液一体化在内的、任意复杂系统的多体动力学数字化虚拟样机模型，真实仿真其运动过程，并且可以迅速地分析和比较多种参数方案，直至获得优化的工作性能，从而达到缩短产品开发周期、降低开发成本、提高产品质量及竞争力的目的。

17.4.2　ADAMS 的设计流程

应用 ADAMS 对机械系统进行动力学仿真分析的步骤包括以下几个过程：

（1）创建（Build）模型　首先创建模型的物体（Part），他们具有质量、转动惯量等物理特性。然后需要使用 ADAMS 中的约束库创建两个物体之间的约束副（Constraint），这些约束副确定物体之间的连接情况和运动情况。

（2）测试（Test）和验证（Validata）模型　创建模型后或者在创建过程中，都可以对

模型进行运动仿真，测试整个或者模型的一部分以验证模型的准确性。

（3）细化（Refine）模型和迭代（Iterate）　确定模型的基本运动后，可以在模型中增加更复杂的因素以细化模型，如增加两个物体间的摩擦力等。

（4）优化（Optimize）设计　ADAMS 可以自动进行多次仿真，每次仿真改变模型的一个或多个设计变量，帮助找到机械系统的最优方案。

（5）定制界面（Automate）　为使 ADAMS 更加符合设计环境，可以定制界面，将经常需要改动的设计参数定制成菜单和便捷的对话框，还可以使用宏命令执行复杂和重复的工作，提高工作速度和效率。

此外，为使仿真分析能顺利进行，操作过程中一般应遵循以下原则：

1）建模分析过程采取渐进的，从简单分析逐步发展到复杂的机械系统分析的分析策略。最初的仿真分析建模，不必过分追求构件几何形体的细节部分同实际构件完全一致，因为这往往需要花费大量的几何建模时间，而此时的关键是能够顺利进行仿真并获得初步结果。

2）进行较复杂的机械系统仿真时，可以将整个系统分解为若干个子系统，先对这些子系统进行仿真分析和试验，逐个排除建模等仿真过程中隐含的问题，最后进行整个系统的仿真分析。

3）虽然 ADAMS 可以进行非常复杂的机械系统分析，但是在设计虚拟样机时，应该尽量减少系统的规模，仅考虑影响样机性能的构件。

17.4.3　ADAMS/View 仿真输出结果

在模拟仿真过程中或完成仿真后，用户可以根据需要有选择性地输出一些测量曲线图，以方便查看仿真和测量结果。ADAMS/View 模型中几乎所有的特性量都可以被测量，如弹簧提供的力，物体间的距离、夹角等，并且从后处理器中输出所要的仿真曲线。

在 ADAMS/View 中，测量分为两类：

（1）ADAMS 预定义的测量（Predefined Measures）

1）对实体对象的测量（Object Measures）。可以测量模型中关于零件、力、约束的各种特征量。

2）点到点的测量（Point to Point Measures）。可以测量一个点相对另一个点的运动学特征量，如相对速度、相对加速度。

3）点的测量（Point Measures）。可以测量点的各种特征量，如该点在全局坐标系中的位置或作用在点上的合力等。

4）角度的测量（Included Angle Measures）。可以测量空间任意三点所组成的角度，也可以测量两个向量间的角度。

（2）用户自定义的测量（User-Defined Measures）

1）ADAMS/View computed measure。这是用户定义的设计表达式，表达式中可含有 ADAMS/View 中的任意变量，ADAMS/View 在仿真中或仿真后可对其进行求算。

2）ADAMS/Solver function measure。这是用户自己定义的函数表达式（Function Expression），表达式中可以使用用户在 ADAMS/Solver 中自定义的任何子程序，同时可以使用高效的 ADAMS/Solver 描述语言（expression language）。ADAMS/Solver 在仿真中进行求算，是

ADAMS/View 的分析器。

17.4.4　ADAMS 常用的运动副及自由度约束数

为了得到自由度符合仿真要求的虚拟样机，对机构进行动力学分析之前，要在 ADAMS 软件中对其添加相应的约束。表 17-1 所示为 ADAMS 系统中常用的运动副及自由度约束数。

表 17-1　ADAMS 系统中常用的运动副及自由度约束数

运动副（Joint）		自由度约束数（Constraints）	
		转动	平动
常用铰约束副	旋转副（Revolute）	2	3
	圆柱副（Cylindrical）	3	2
	平移副（Translational）	3	2
	球形副（Sperical）	3	0
	固定副（Fixed）	3	3
	恒速度副（Constant Veleosity）	1	3
	万向副（Universal）	1	3
基本约束副	点-面约束副（Inplanal）	3	0
	点-线约束副（Inlinear）	0	2
高副约束	曲线-曲线约束（Curve to Curve）	0	2
	点-曲线约束（Piont to Curve）	0	2

17.5　机械产品动力学模型实现方法

建立机械产品动力学仿真模型一般有两种方法：在 ADAMS 中利用软件自身的工具进行建模，这对简单的机械系统较为方便；对于复杂的机械系统可以利用三维软件（如 UG、Solidworks 等）建模后导入 ADAMS 中。本节介绍基于 ADAMS 技术的动力学仿真模型的建立方法。

17.5.1　几何建模

ADAMS 软件中，利用其中的工具包通过创建机械系统中运动部件的物理属性来建立系统仿真模型。部件有刚性和柔性之分，对这两种部件的建模方式不尽相同。对于刚性体，ADAMS/View 提供几何构造工具和固体模型以便于创建刚性体，也可以增加刚性体的特性和布尔运算来优化几何模型。ADAMS/View 默认刚体的几何信息来定义模型的质量和转动惯量，也可以选择 User Input，即用户自定义方式输入质量和转动惯量。对于柔性体，通过创建间断的柔性连接体和输出载荷以使用有限元工具，也可以通过使用 ADAMS/Flex 模块导入复杂的柔性体工具。

ADAMS/View 主工具箱里有丰富的基本形体图库，利用这些图库可以非常方便地以参数化的形式建立一些几何模型。简单几何体建模过程为：

1）在几何模型图库中选取三维实体建模工具图标，如 Link（连杆）、Box（长方体）、

Sphere（球体）等，在参数设置栏中设置为 New Part 或者 Add to Part 或者 On Ground。

2）设置参数值。输入有关尺寸参数，或用鼠标确定起始绘图点的位置。在绘图区域按住鼠标左键不放，拖动鼠标，直至到达希望绘制的形体尺寸。如果在参数设置栏设置了根据输入的尺寸数值产生形体，则已设置数值的尺寸将不随鼠标拖动而变化。

3）松开鼠标左键，完成简单形体建模。

17.5.2　虚拟样机模型导入 ADAMS/View

SolidWorks 三维实体建模软件可以保存为多种格式的文件，并且大部分格式的文件都可以导入 ADAMS 软件，但最理想的是 Parasolid 格式的模型。将上述应用 SolidWorks 软件生成的整机系统虚拟样机导入 ADAMS/View 的步骤为：

1）在 SolidWorks 中将虚拟样机模型保存为以 sesmbl. exm_txt 为文件名的 Parasolid 格式模型，应注意：文件名和保存路径不能出现中文字符，否则将不会被 ADAMS/View 识别。

2）把 Parasolid 格式模型的文件名后缀 .x_t 改为 .xmt_txt。

3）在 ADAMS/View 启动界面中单击 import a model 选择文件类型，指向文件，选择 model name，在后面的空格中单击右键，选 model，再选 create，可以将模型命名或者改名。该过程中应注意：如果直接在空格中输入名字，导入后会看不见模型，要更改透明度才能看见。

4）完成以上步骤后单击 OK，等待界面中出现导入后的虚拟样机模型，则导入成功。

对步骤 1 的说明：Parasolid 格式模型不能保存在桌面上，因为此时导入路径中会出现非法字符，可通过将模型保存在 D 或 E 盘中以英文字母命名的文件夹中来解决。

17.5.3　ADAMS 钢丝绳柔体的处理

钢丝绳作为一种挠性件，只能承受拉力不能承受压力，其特征是可以弯曲，但是，又具有一定的刚度，是介于刚体和柔性体之间的物体，属于难以模拟问题。目前在 ADAMS 中没有一个完全符合的模型，没有"真实的"钢丝绳存在。在一般的动力学软件中，对钢丝绳的处理均采用有限元的方法，即无限离散化，例如：msc. marc 即是采用有限元的方法对带轮等进行模拟。在对钢丝绳的仿真过程中，也可以采用 discrete flexible link（离散的柔性体连接）方法，即多个分段（Segments）的 discrete flexible link 组合来模拟钢丝绳，虽然这样处理不能得到真实的钢丝绳，但是，已经接近逼真。钢丝绳的刚度系统和柔性系数在 ADAMS 中通过如下三个系数确定：

1）Material（材料）。一般来说可以选用 Steel。

2）Segments（分段数）。分段数越多越能真实地模拟钢丝绳，但是，大多的时候仿真过程中钢丝绳很难控制。

3）Damping Ratio（阻尼系数）。类似于弹簧阻尼系统的阻尼系数。

由于多段线性弹簧组合模拟钢丝绳在仿真过程中很难控制，并且受计算机性能影响，因此，基于上述方法采用一段线性弹簧来模拟实际的钢丝绳。钢丝绳的刚度系数和阻尼系数计算公式如下

刚度 $$k = \frac{EA}{l}$$

式中，A 为钢丝绳横断面中金属结构的面积；E 为钢丝绳受拉弹性模量，与钢丝绳的股数、捻法、丝数等有关，一般取 $E = (1 \sim 1.2) \times 10^9 \, \text{N/m}^2$；$l$ 为钢丝绳受拉时的总长度。

阻尼 $$C = 2\xi\sqrt{mk}$$

式中，m 为吊重的质量；k 为钢丝绳的刚度；ξ 为钢丝绳的阻尼度系数，一般取 $0.004 \sim 0.007$。

17.5.4　施加运动副和运动约束

运动副及约束被用于定义零件连接方式以及零件之间的相对运动。模型建立后，可以添加运动副限制构件之间的相对运动，并以此将不同构件连接起来组成一个机械系统。AD-AMS/View 约束库中有：

1）Joint primitives（基本约束）。添加该约束用于设置物体的相对运动。

2）Idealized joints（理想约束）。如 Revolute（旋转副）等。

3）Associative constraints（高副约束）。用于定义齿轮等之间的运动约束。

4）Two-dimensional curve constrains（二维曲线约束）。用于定义点或者曲线的运动方式。

模型建立后，必须要对模型施加相应的运动副来约束各物体之间的相对运动、相对力等，运动副的添加一定要结合实际情况，在两个物体之间选择正确的运动副，否则仿真可能不成功。

17.5.5　在模型上施加相应的驱动力

机械系统创建后，通过施加相应的驱动力就可以实现机械系统的动力学仿真。ADAMS/View 提供驱动力的类型有：

1）Flexible connectors（柔性连接力）。如弹性阻尼器和衬套。

2）Special forces（特殊力）。如空气动力学作用力，提供常见的预定义作用力。

3）Contacts（接触力）。指出当模型运动中，物体之间在接触时所起的响应。

4）Applied forces。允许写入自己的方程式来代表力之间的关系。它提供了一个功能函数编辑器，能引导写出方程式，并能在将其添加到模型之前估计其函数值。

此外，ADAMS/View 提供了 3 种输入作用力值的方法：

1）参数栏里直接输入数值力、力矩值、刚度系数 K 和阻尼系数 C 等。此时，两点之间的距离和速度可确定力的大小，而刚度和阻尼系数分别为距离和速度的比例系数。

2）使用 ADAMS/View 提供的函数（位移、速度和加速度函数），在相应的函数栏里输入力和各种运动之间的函数关系表达式，例如正压力和摩擦力的关系。此外，还有数学运算函数（正弦、余弦、指数、对数、多项式等）和样条函数等，借助样条函数，可以由数据表插值的方法获得力值。

3）用 FORTRAN、C 或 C++ 语言编写描述力和力矩的子程序，力值输入文本框中输入子程序的传递参数，通过传递参数同用户自编子程序进行数据交流。

17.5.6　ADAMS 运动学常用函数

运动机械起动方式一般分为恒功率起动和恒转矩起动。恒功率起动意味着力随速度增大而减小，物体做变加速运动，恒转矩起动意味着起动力不随时间或者速度的变化而变化，物体做匀加速运动。这两种方式在不同的工况和环境下都有所应用，其中，恒功率起动应用较为广泛。

以恒功率下的变加速运动方式施加驱动力进行模拟仿真为例，应用 ADAMS 中常用两种函数：STEP 函数和 IF 函数，解析如下：

STEP（q，q1，f1，q2，f2）函数有两种书写格式：一种是嵌入式：STEP（x，x0，h0，x1，(STEP（x，x1，h1，x2，(STEP（x，x2，h2，x3，h2)))))；另一种就是增量式：STEP（x，x0，h0，x1，h1)+STEP（x，x1，h2，x2，h3)+STEP（x，x2，h4，x3，h5)+……；定义函数时，q1 < q2，q 为独立的变量，q1 为变量的初始值、f1 为函数的初始值、q2 为变量的终止值、f2 为函数的终止值。

IF（Expression1：Expression2，Expression3，Expression4）函数表示：如果 Expression1<0，则执行 Expression2 语句；如果 Expression1＝0，则执行 Expression3 语句；如果 Expression1>0，则执行 Expression4 语句。

17.6 基于 ADAMS 的增速器仿真与分析实例

17.6.1 多刚体系统的动力学模型建立

刚体是指系统运行过程中无变形或变形很小（可忽略）的一种理想化模型。齿轮增速箱的动力学仿真分析过程中，可认为箱体相对地面不动，而齿轮和轴的变形很小，故整个增速器系统可视为刚体系统，可对其进行多刚体系统的动力学分析。此外，系统动力学性能除受到接触变形的影响，还受到制造误差、啮合间隙等的影响。为了便于研究，对齿轮增速器系统的刚体模型做如下几点假设：

1）装配间隙为零，忽略零部件的制造误差和整机的装配误差。

2）对于轴与轴承、轴承与箱体之间的运动模型，将其简化为无摩擦的理想转动约束。

3）将各零部件视为刚体。

4）忽略齿轮在啮合过程中轮齿啮合变形对系统动力学的影响。

多刚体系统动力学模型建立流程图如图 17-6 所示。

17.6.2 ADAMS 环境下增速器三维刚体静态模型的建立

由于 ADAMS/View 软件的建模功能有限，它往往无法实现对于形状复杂的零部件以及装配体的建模工作，但是它提供了与其他 CAD 软件的数据接口，可直接导入已建立装配完毕的三维模型，通过适当的编辑便可转变为 ADAMS 中的刚性构件。

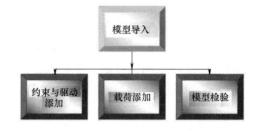

图 17-6　多刚体系统动力学模型建立流程图

为此，对于结构复杂、零部件数量多和装配过程繁琐的齿轮增速器系统，先在 Solid-Works 中实现三维模型的参数化建模和智能装配，将最终模型导出为 Parasolid 格式的中间文件，并导入到 ADAMS 中。导入的模型在 ADAMS 的默认设置下是不存在质量、转动惯量等材料属性的，而在 ADAMS 里面进行材料的赋予是以零件为最小赋予单位的，对于零件数量庞大的齿轮增速器，这样的操作过于繁琐。为此，基于 Adams 软件编制材料赋予子程序，可实现装配体材料的一次性自动赋予，减少了繁琐的手动操作工作，并有效避免了人工操作过程中漏掉零件的情况发生。

17.6.3　拓扑结构的广义约束添加

约束是建立 Adams 环境下虚拟样机动力学分析模型的重要内容，约束的添加正确与否直接影响仿真分析的可靠性与成败。

约束是定义机构内两构件的连接关系，它限制两构件在某个方向上的相对运动。AD-AMS 提供了四类常用约束，包括：基本约束、常用运动副约束、高副约束和驱动。其中，基本约束有点重合约束、共线约束和共面约束等。常用运动副约束有固定副、平移副、旋转副、圆柱副、万向副、恒速副等。高副约束有曲线-曲线约束、点-曲线约束。

对动力学模型进行分析，需要在一些基本约束的机床上添加驱动，驱动包括平移驱动和旋转驱动。从本质上说，驱动也是一种约束，只不过这种约束是约束两个构件按照确定的规律运动，而运动约束副约束两个构件的运动规律是相对静止不动的。

以兆瓦级风力发电机增速器为例，着眼于对其内部齿轮的传动分析，尤其侧重于传动过程中对轮齿在冲击载荷作用下的传动平稳性、传动振动范围以及对传动比的影响，故在添加约束时，重点是添加齿轮箱内部的齿轮副，对于其他轴承约束、大的约束可做简化处理，进行理想化约束的添加。驱动则是由增速器的输入轴输入，输入轴与壳体齿圈之间的铰接约束（MOTION）添加是整机系统的唯一驱动输入端，驱动速度由风力发电机的叶轮决定，在该处添加所需转速。兆瓦级风力发电机增速器的行星轮系统的约束拓扑结构与整机模块间约束结构如图 17-7 所示。

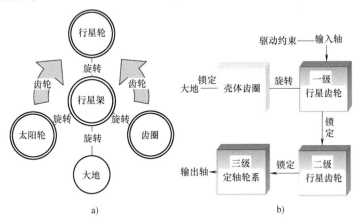

图 17-7　兆瓦级风力发电机增速器的拓扑结构约束

a）行星轮系统的约束拓扑结构　b）整机模块间约束结构

17.6.4　载荷添加

ADAMS/View 中有 4 种类型的力，它们不会增加或者减少系统的自由度。这 4 类力分别为：①作用力，定义在部件上的外载荷。定义作用力时，必须用常值、ADAMS/View 的函数表达式或者连接到 ADAMS/View 中用户写的参数化子程序来说明作用力。②柔性连接力，可以抵消驱动的作用。弹簧阻尼器、梁、衬套、场力等可以产生这类力。③特殊力，这类力包括重力和轮胎力。④接触力，当模型在运动、部件在接触时，它们之间的相互作用力叫接触力。

对于兆瓦级风力发电机增速器的齿轮系统模型，原动机和负载的具体模型比较复杂，将其简化为作用在输入齿轮和输出齿轮上的转矩或转速，采用 ADAMS 实时函数直接模拟；外部负载的大小由发电机的发电功率与增速器输出轴的转速有关，通过相应的计算，在增速器的输出轴端添加与输出轴转速相反的负载扭矩；而对于齿轮箱内部的传动力，则主要根据齿轮与齿轮的啮合情况添加不同的接触力，接触力的相关参数将在后继进行详细介绍。

17.6.5 增速器多刚体系统动力学模型的检验

多刚体系统的约束、驱动、载荷等各向参数添加正确与否是进行系统动力学仿真的基础。为此，在进行系统动力学仿真之前，进行模型的各项参数检验是十分必要的。在 ADAMS/View 环境下，对零部件进行初步的仿真求解，运用模型系统的所有零部件列表信息实现增速器多刚体系统动力学模型的检验工作。对所有零部件进行自查，从所有零部件的信息列表中未发现无约束零件和无质量信息零件，可初步认为自查成功。

自查信息表明，增速器系统的约束、质量等信息均为正常，这表示 ADAMS/View 环境下兆瓦级风力发电机增速器的多刚体动力学分析系统的模型已经建立完成，可以进行下一步的运行仿真工作，该系统的各向视图如图 17-8 所示。

17.6.6 增速器齿轮啮合接触力与接触参数计算

1. 接触的定义

当两个构件表面发生接触时，这两个构件就会在接触位置产生接触力。接触力是一种特殊的力，可以分为两种类型的接触，一种是时断时续的接触，如下落的钢球与铁板之间的接触。另一种是连续的接触，在这种情况下，两个构件始终接触，这时系统会把这种接触定义成非线性弹簧的形式，构件材料的弹性模量当成弹簧的刚度，阻尼当成能量损失。在碰撞理论的发展过程中，在经典力学、弹性压力波动、碰撞接触和塑性变形四个方向进行了大量研究。

ADAMS/View 有两种计算接触力的方法：补偿函数法（Restitution）和冲击函数法（Impact）。

（1）基于补偿函数的接触　补偿函数法需确定两个参数：惩罚系数（Penalty）和补偿系数（Restitution）。惩罚系数确定两个构件之间的重合体积刚度，即说由于接触，一个构件的一部分体积要进入到另一个构件内，惩罚系数越大，一个构件进入另一个构件的体积就越小，接触刚度也就越大。接触力是惩罚系数与插入深度的乘积，惩罚系数过小，就不能模拟两个构件之间的真实接触情况，而如果过大则会使计算出现问题，甚至不能收敛。

牛顿曾研究过碰撞的规律，发现材料给定的两个物体发生对心正碰撞时，无论碰撞前后的运动速度如何，两物体碰撞后和碰撞前的相对速度大小的比值是不变的，该比值称为恢复系数，以 k 表示，即

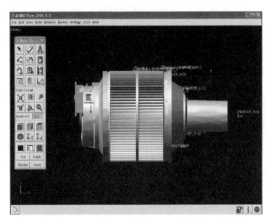
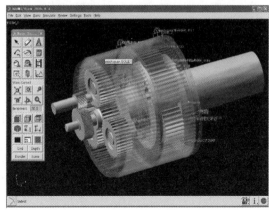

a)　　　　　　　　　　　　　b)

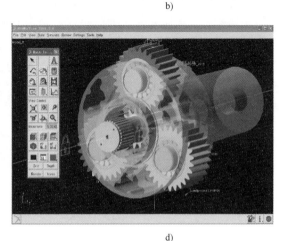

c)　　　　　　　　　　　　　d)

图 17-8　增速器的多刚体动力学分析系统的模型

a）增速器整机模型前视图　b）增速器外齿圈半透明状态下的等轴测视图

c）增速器内部结构视图　d）增速器第一级行星齿轮动力学模型

$$k = \left| \frac{u}{v} \right|$$

式中，u、v 分别为碰撞后和碰撞前的相对速度。恢复系数表示物体在碰撞后速度的恢复程度，也表示物体变化恢复的程度，$0<k<1$，因为实际物体在碰撞中机械能必然有损失，恢复系数越小说明损失的动能越多。经查表可知，钢对钢的恢复系数为 0.56。

（2）基于 Impact 的冲击、函数的接触　在这种方式中，ADAMS/Solver 根据 ADAMS 函数库中的 Impact 函数来计算接触力，该力实质上被模拟为一个非线性的弹簧阻尼器。接触力都是基于 IMPACT 函数的接触模型。使用接触碰撞模型，可以比较准确地模拟整体齿轮传动机构的接触力情况。接触碰撞模型以 Hertz 弹性撞击理论分析为基础。

Impact 函数可实现齿轮之间的单侧碰撞传动方式，它是一个用户自定义的单侧碰撞返回碰撞力的函数，可以方便表达那种间歇碰撞力，即达到某一位移值才激发的碰撞力。

2. 基于 Impact 函数的齿轮啮合系统接触力仿真参数分析计算

碰撞接触定义为互相接触的物体动量突然发生改变，而位移几乎没有发生变化。接触力方向是接触面的法线方向。为了数学建模的需要，假设物体是没有变形的刚体，运动副不存在间隙。

ADAMS 中，接触力定义为

$$F_{\text{impact}} = \begin{cases} 0 & q > q_0 \\ K(q_0-q)^e - C \times (\mathrm{d}q/\mathrm{d}t) \times STEP(q,q_0-d,l,q_0,0) & q < q_0 \end{cases} \quad (17\text{-}17)$$

式中，$STEP$ 为阶跃函数；q_0 为两物体间初始距离；q 为物体碰撞过程中的实际距离；（q_0-q）为碰撞过程中的变形量。式（17-17）表示当 $q>q_0$ 时，两物体不发生碰撞，其碰撞力数值为零；当 $q<q_0$ 时，两物体发生碰撞，其碰撞力大小与刚度系数 K、变形量（q_0-q）、碰撞指数项 e、阻尼系数 C 和阻尼完全作用时变形距离 d 有关。

式（17-17）表明，ADAMS 中接触力分为两部分，一部分是弹性分量 $K(q_0-q)^e$，其类似于一个非线性弹簧，另一部分力是阻尼分量 $C \times (\mathrm{d}q/\mathrm{d}t) \times STEP(q,q_0-d,l,q_0,0)$，是碰撞速度的函数，其方向和运动方向相反。碰撞力模型如图 17-9 所示。

为了避免在碰撞时阻尼分量突变而使得函数变得不连续，ADAMS 定义阻尼分量为穿透深度的三次函数。即当两个接触物体的穿透深度为零时，阻尼分量也为零；而当两个物体的穿透深度达到所定义的击穿深度 d 时，阻尼系数达到最大值 $C_{\max}$。关于阻尼系数的变化，如图 17-10 所示。

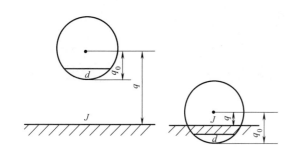

图 17-9　ADAMS 碰撞力模型示意图　　　图 17-10　碰撞过程中阻尼系数的变化函数曲线

齿轮轮齿碰撞啮合所引起的激励力，可以看成两个变曲率半径柱体撞击问题，解决此问题可以直接从 Hertz 静力弹性接触理论中得到。

针对整个动力学齿轮啮合系统，需要进行五对齿轮间啮合刚度的计算，而且各对啮合齿轮的各项参数之间存在差异，容易计算错误，为此利用 Matlab 中的参数化计算功能，对所要计算的公式进行程序化运算，并输入各对齿轮啮合参数，自动进行各项齿轮冲击函数所需的参数。根据实际经验，碰撞指数 e 取 1.5，阻尼系数 C 取 10N/（mm/s），阻尼完全作用距离 d 取 0.1mm，静摩擦系数取 0.8，动摩擦系数取 0.5，具体参数见表 17-2。

17.6.7　兆瓦级风力发电机增速器运动学仿真分析

1. 兆瓦级风力发电机增速器各级输入、输出轴的运动学仿真

为了保证该增速器的动力学仿真虚拟样机的可靠度与正确性，在进行整机动力学仿真分析之前，通过对虚拟样机进行前期的运动学仿真分析，以所建立的虚拟样机仿真系统进行传动比与设计传动比的比较结果作为评定标准，验证虚拟样机的正确性。

表 17-2　齿轮间啮合 Impact 冲击力设计参数

级　别	名　　称	刚度系数 K	力的非线性指数 e	阻尼系数 C	变形深度
一级行星轮系	中心轮	1985040	1.5	50	0.1
	行星轮				
	内齿圈	2816040	1.5	50	0.1
二级行星轮系	中心轮	2000560	1.5	50	0.1
	行星轮				
	内齿圈	2791870	1.5	50	0.1
三级定轴轮系	低速斜齿轮	1701890	1.5	50	0.1
	高速斜齿轮				

增速器的输入轴与风力发电机的叶轮相连，风力发电是叶轮从静止到转动的连续运动过程，为了模拟增速器在启动时的实际特点，保证施加转速时不发生突变，使用 step 函数使转速在 0.2s 的时间内从 0 增加到 150°/s。step 函数为阶跃函数，在 ADAMS 中主要用于驱动、载荷的上升或下降、打开或关闭的描述，其标准格式为：

$$\text{STEP}\,(x, x_0, h_0, x_1, h_1)$$

式中，x 为自变量，可以是时间或时间的任一函数；x_0 为自变量的 STEP 函数开始值；h_0 为自变量的 STEP 函数结束值；x_1 为 STEP 函数的初始值；h_1 为 STEP 函数的最终值。

以输入轴、第一级行星轮系输出轴、第二级行星轮系输出轴和第三级定轴斜齿轮轮系输出轴为测量对象，测量各轴质心处的转动角速度，并绘制出各轴转速 ω 随时间 t 变化的曲线，在该虚拟样机中，各输出轴的轴心与坐标系中的 z 轴平行，假设输入轴的输入以顺时针转向为负。测出各轴的角速度随时间变化的曲线如图 17-11 所示。

2. 运动学仿真结果分析

各轴的运动学仿真曲线是各轴从起动到平稳运行运动过程的真实体现，从运动曲线中可以分析出各轴的运动学特性，针对各轴的运动学曲线做出以下分析。

（1）基于转向的验证分析　从输入轴的运动曲线可以看出，从起动到平稳运行的整个运动过程中，其速度值均处于时间坐标轴的下方，即输入轴转向为顺时针转动。

1）一级行星轮系的输出轴在整个运行过程中同样都处于时间轴的下方，同输入轴转向相同，符合行星轮系的运动学理论。

2）二级行星轮系的输出轴同向于输入轴和一级行星轮系输出轴（二级行星轮系输入轴），符合行星轮系的运动学理论。

输出轴的运动由二级行星轮系的输出轴作为输入，经一级定轴斜齿轮的传动得到，为此，其输出轴转向应反向于二级行星轮系输出轴的转向。增速器的输出轴转向在整个运动过程中处于时间轴的上方，反向于二级行星轮系输出轴的运动，验证正确。

（2）基于转速的验证分析　从各轴的运动学曲线可得，叶轮开始转动瞬间，增速器输入轴有转速输入，会产生一个较大的冲击，表现为各轴的转速有个从 0 到一定数值的突变。在 0~0.2s 内，叶轮转速增加，各级齿轮周转速相应增加。0.2~0.5s 时，叶轮转速平稳，输入轴转速为 150°/s，一级行星轮系输出轴转速为 837.2°/s，二级行星轮系输出轴转速为 4563°/s，输出轴转速为 9366°/s。

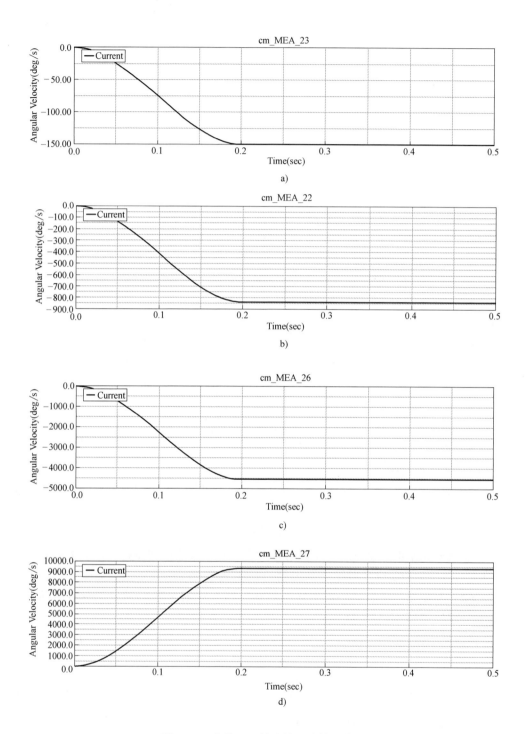

图 17-11　各输入、输出轴运动特性曲线

a）输入轴的转速-时间变化曲线　b）一级行星轮系输出轴转速-时间变化曲线　c）二级行星轮系输出轴
转速-时间变化曲线　d）增速器输出轴转速-时间变化曲线

根据式

$$n_2 = \frac{n_1}{i}$$

计算各级传动比的大小，并与理论设计的传动比进行比较。其中仿真值以 0.2~0.5s 时的恒定转速作为计算标准。转速和传动比仿真值与理论计算值比较见表 17-3。

表 17-3　转速和传动比仿真值与理论计算值比较

项　　目	仿真值	理论计算值	相对误差 λ
输入轴转速	150	150	0
一级行星轮输出轴转速	837.2	840	0.003
二级行星轮输出轴转速	4563	4536	0.006
增速器输出轴转速	9366	9344	0.002
一级行星轮系传动比	5.5813	5.6	0.003
二级行星轮系传动比	5.4503	5.4	0.009
三级行星轮系传动比	2.0526	2.06	0.003
总传动比	62.44	62.29	0.002

由表 17-3 可得，各级轮系的转速仿真值与理论值十分接近，但是由于在增速器的啮合点添加过程中，其坐标通过手动计算所得，故存在一定误差，可忽略不计。

综上所述，针对齿轮增速器的虚拟样机仿真模型进行了运动学仿真验算，无论是在各级输入、输出轴转动方向方面，还是在各级的轴转动速度数值大小方面，都说明该增速器虚拟样机满足动力学仿真要求，可用于动力学仿真分析，可靠度高。

17.6.8　兆瓦级风力发电机增速器的动力学仿真分析

下面针对已经建立完成的兆瓦级风力发电机增速器的虚拟样机进行动力学仿真分析。由于该增速器系统结构复杂，齿轮数量多，在整个增速器齿轮传动系统中，最后一级的小直径斜齿轮与输出轴固结，并且斜齿轮除了在周向和径向受力外，在轴向也作用有较大的轴向力，受力情况复发，为此选取动力输出轴进行重点的动力学仿真分析，而对于其他各级的齿轮系统，则选取各级的中心轮进行动力学分析。

1. 输出轴各向啮合力的仿真分析

由图 17-12a~c 中的上部曲线分别为输出端齿轮沿着 ADAMS 坐标系统 z 方向（周向力）、y 方向（径向力）和 x 方向（轴向力）的啮合力 F 随时间 t 的变化曲线；下部曲线为啮合力的频域图，即为啮合力 F 随频率 f 的变化曲线。

为了使仿真结果有所对比，分析之前，首先利用一般的机械设计经典公式来计算齿轮啮合力以及齿轮的激振频率。该增速器在额定功率下进行工作时，其输出轴的输出扭矩高达 9198N·m；对于输出轴上常啮合斜齿轮齿数为 33。输出级行星轮系的各向参数为：

齿轮切向力
$$F_t = \frac{2T}{d_1}$$

齿轮径向力
$$F_r = F_t \tan\alpha_t = \frac{F_t \tan\alpha_n}{\cos\beta}$$

齿轮轴向力
$$F_x = F_t \tan\beta$$

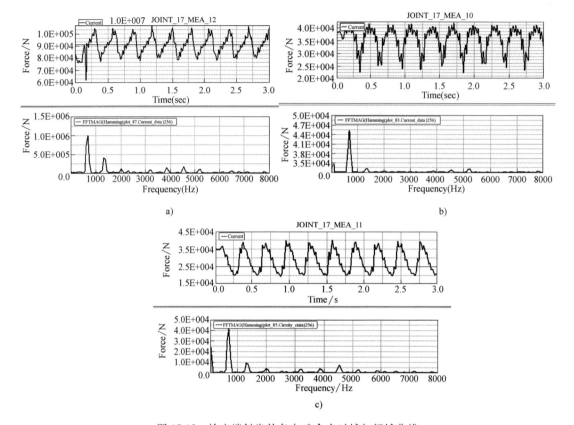

图 17-12　输出端斜齿轮各向啮合力时域与频域曲线

a）输出端齿轮 z 方向（周向力）啮合力时域图与频域图　b）输出端齿轮 y 方向（径向力）啮合力时域图与频域图

c）增速器输出端齿轮 x 方向（轴向力）啮合力时域图与频域

式中，d_1 为输出轴上常啮合斜齿轮的直径；α_t 为输出轴上常啮合斜齿轮端面压力角；α_n 为输出轴上常啮合斜齿轮的法面压力角；β 为输出轴上常啮合斜齿轮的螺旋角。

根据上式和各组数据进行计算得

$$F_t = 96825\text{N} \quad F_r = 36793\text{N} \quad F_x = 29048$$

啮合齿轮激振频率 f 为

$$f = \frac{zn}{60}$$

式中，z 为齿轮齿数；n 为齿轮轴的转速。

代入数据得 $f = 856.5\text{Hz}$

将机械设计经典理论计算结果与仿真结果综合分析如下：

（1）从时间历程（时域）上分析　转速启动瞬间，即 $0 \sim 0.2\text{s}$ 为启动加速阶段，表现为齿轮主要受力方向（周向力）上存在一个较大的冲击力，在该阶段力学曲线随时间按照冲击力的变化而不断变化，无确定规律；完成启动加速阶段后，齿轮啮合进入平衡运行阶段，仿真过程中，由于啮合冲击力的存在，该平衡为动态平衡，表现为啮合力在一定范围内不断进行周期性波动，在忽略微小仿真误差的前提下，各段波动的波动周期和波动振幅都表现为一个恒定值，即齿轮所受各个方向上的啮合力在时域内进行同规律性的周期性变化，符合轮齿周期性啮入啮出的特点。

（2）从频域上分析　由输出轴斜齿轮各向啮合力频域图可知，从啮合开始，各向啮合力随着频率的增加进行一定范围内的波动，而当频率值达到847.2Hz时，输出轴斜齿轮各向啮合力的幅值达到最大，随着频率值的继续增大，各向啮合力则在小范围内进行波动，并呈现振动幅度不断减小的趋势。从共振时候零部件产生作用力最大的理论角度分析，低速轴的斜齿轮啮合频率为847.2Hz。由齿轮啮合频率理论计算公式计算出该齿轮的啮合频率为856.5Hz，仿真值与理论计算值较为接近，可以认为二者无差距。因此，从频域分析的层次看，增速器动力学虚拟样机仿真为可信的。

（3）从啮合力大小上分析　由增速器动力学仿真分析曲线可知，周向啮合力最大值为146080N，最小值为79583N，平均值为96238；径向啮合力最大值为49563N，最小值为21472N，平均值为36943N；轴向啮合力最大值为41539N，最小值为19634N，平均值为28364N。

由机械设计经典理论计算可得，周向啮合力为96825N，与曲线的平均值96238N十分接近；径向啮合力计算值为36793N，与曲线的平均值36943N接近；同样，轴向力计算值为29048N，与曲线的平均值28364N接近。

各向啮合力的理论计算值与仿真曲线的平均值十分接近，考虑仿真误差，可认为仿真值与理论计算值一致。表17-4为输出轴斜齿轮啮合力仿真值与理论计算值比较。

表17-4　啮合力仿真值与理论计算值比较

啮合力/N	仿真值	理论计算值	相对误差
周向力(z轴)	96238	96825	0.6%
径向力(y轴)	36943	36793	0.4%
轴向力(x轴)	28364	29048	2.4%

2. 输入轴与两级行星轮系的行星轮周向力仿真分析

输入轴为增速器传动装置的唯一动力源，行星轮系的中心轮均为浮动轴，保证了各级行星轮系中行星轮的均衡受力，对于$n_w = 3$的行星轮系，由于均衡受力，通常其在z向上受力为0，动力作用为3个行星轮轴提供的扭矩，其受力分析如图17-13所示；为了实现对输入轴（行星架）z向力的测量，将第一级行星轮系等效为$n_w = 1$的行星轮系，此时输入轴受力分析如图17-13所示。

对于行星架的扭矩计算

在假设无功率损失的前提下，计算出行星架输入轴上的扭矩值，即

$$T_1 = 9550 \frac{P}{n} \quad 得到：T_1 = 573000 \mathrm{N \cdot m}$$

可计算出等效后的行星轮系作用在行星轮轴心处的z向力，即

$$F_z = \frac{2T_1}{d_1 + d_2} \quad 得到 F_z = 757936 \mathrm{N}$$

根据行星轮系传动系统中行星轮周向力计算公式

$$F_t = \frac{1000 T_{中心}}{r n_w}$$

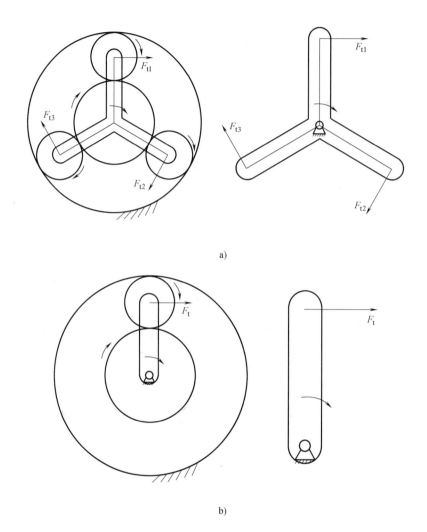

a)

b)

图 17-13　不同行星轮数目下的行星架受力分析

a）$n_w = 3$ 情况下行星轮系的行星架受力情况　　b）$n_w = 1$ 等效行星轮系的行星架受力情况

分别计算出两个行星轮系中行星轮受力

$$F_{t1} = 252644\text{N} \qquad F_{t2} = 44954\text{N}$$

在该种等效情况下，对输入轴 z 向受力、两级行星轮系中的行星轮 z 向受力情况进行动力学仿真，所得仿真曲线如图 17-14 所示。

综合仿真分析结果与所计算的理论值进行仿真结果分析，现做出分析如下：

（1）从受力方向分析　从图 17-14 各仿真曲线可看出，行星轮系的受力大小不同于输出轴斜齿轮定轴轮系，行星轮系中的受力大小总是以 0 线为对称线，在一定的正值和负值范围内进行周期性变化，产生差异的原因是行星轮系的运动是以中心轮的轴线为轴进行圆周运动，在中心轮具有非变化自转方向的情况下，行星轮所受的啮合力始终指向行星轮与中心轮共切线的分开方向，行星轮周期性地运动于中心轮四周，所以产生的啮合力是周期性正负变化的，符合行星轮系中行星轮的受力特性，从受力方向方面验证了行星轮系啮合传动的可信性。

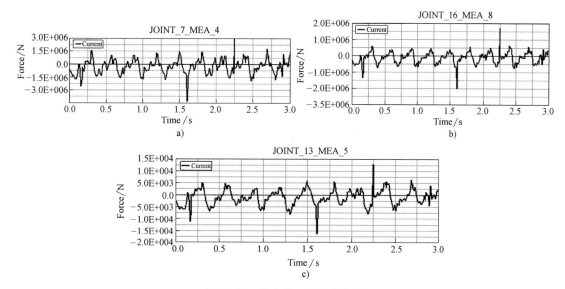

图 17-14　输入轴 z 向受力曲线

a）输入轴 z 等效力的仿真曲线　b）一级行星轮系 z 向（周向力）仿真曲线

c）二级行星轮系输出轴 z 向（周向力）仿真曲线

（2）从受力大小分析　从图各个仿真曲线中可看出，0.2s 之后，各个构件受力基本上是以恒定周期和振幅变化的，从中剔除个别偏差较大的力值，计算正向力可得

行星架输入轴 z 向受力最大值为 1385684N，最小值为 0N，平均值为 767562.1N，理论计算值为 757936N；一级行星轮系行星轮周向力最大值为 652479N，最小值为 0N，平均值为 253428.3N，理论计算值为 252644N；二级行星轮系行星轮周向力最大值为 75136N，最小值为 0N，平均值为 45236.8N，理论计算值为 44954N。

各所测零部件 z 向受力的仿真值与理论计算值十分接近，考虑误差的情况下，可认为该动力学仿真具有很好的可信性。

（3）从输入轴所承受扭矩分析　对于等效前行星架输入轴，在其与行星轮铰接的三个轴点上均衡受力，以一级行星轮系轴向啮合力仿真的平均值作为均衡力，对反作用在行星架输入轴上的扭矩进行计算，并与理论计算值进行比较，可得

$$T_1 = F_{t1} n_w (d_1 + d_2)$$

得：
$$T_1 = 574775.3844 \text{N} \cdot \text{m}$$

理论计算值为：
$$T_2 = 573000 \text{N} \cdot \text{m}$$

通过比较得，扭矩仿真值与理论值十分接近，考虑误差的情况下，可认为该动力学仿真具有很好的可信性。

各零部件受力和扭矩的仿真值与理论值进行比较见表 17-5 所示。

表 17-5　z 向力与输入轴扭矩的仿真值同理论值比较

	仿真值	理论计算值	相对误差 λ
输入轴 z 向力/N	767562.1	757936	1.2%
一级行星轮 z 向力（周向力）/N	253428.3	252644	0.3%
二级行星轮 z 向力（周向力）/N	45236.8	44954	0.6%
输入轴扭矩/N·m	574775.3844	573000	0.3%

第18章

机械产品优化设计

18.1　最优化问题数学模型

结合最优化方法定义，最优化问题数学模型如式（18-1）所示。

$$
\left.
\begin{array}{ll}
求\ X=\begin{bmatrix} x_1 \\ x_2 \\ \vdots \\ x_n \end{bmatrix},\ 使\ f(X)\ 极小或极大 & \\[2em]
满足于约束\quad g_i(X)\leqslant 0,\ i=1,2,\cdots,m & \\
和\quad\quad\quad\quad g_j(X)=0,\ j=1,2,\cdots,p &
\end{array}
\right\}
\tag{18-1}
$$

式中，X 称为设计向量或设计变量，是一个 n 维向量；$f(X)$ 为目标函数，要使目标函数极小或极大，就是使问题的性能指标为最优；$g_i(X)$ 和 $g_j(X)$ 为约束条件，$g_i(X)$ 表示不等式约束，$g_j(X)$ 表示等式约束；n 为变量个数，m 和 p 均为约束个数，它们之间没有任何关系。

首先，最优化方法或最优化设计是要论述所研究的问题并建立该研究问题的数学模型，包括列出目标函数和约束条件，确定设计变量，用函数、方程式和不等式描述所求的最优化问题。在这里，认识目标、确定目标函数的数学表达式非常重要。建立数学模型主要包括4个基本要素：性能指标、设计变量、约束条件以及目标函数，分别叙述如下。

18.1.1　性能指标

对于一个要解决的最优化问题，第一步就是要确定性能指标。性能指标确定后，对应的问题才会有明确的目标和最优化确定的结果。不同的性能指标对应不同的优化结果。因此，性能指标的选择将会影响最优化结论是否合理、是否符合实际情况、是否被采用。例如，在特定条件下，开发一种新产品，可以选择质量方面的性能指标为最好，以便能迅速占领市场；如果与原有产品相比，在质量相同的条件下，可以选择研发成本最小作为性能指标，以获取最大的商业利润；因此，涉及工厂企业的经营，如果只把研发成本最小作为性能指标，而不去考虑产品质量，那么，优化的结果只能是工厂倒闭。

18.1.2　设计变量

设计中可以独立改变的基本参数，它泛指 x_1、x_2、$\cdots$、x_n。设计变量的每一个确定的取值对应一个设计方案。对应于最优设计方案的设计变量取值称为最优点或最优解，与最优点对应的目标函数值称为最优值。

设计变量以 X 表示，即

$$X = \begin{bmatrix} x_1 \\ x_2 \\ \vdots \\ x_n \end{bmatrix} = [\,x_1, x_2, \cdots, x_n\,]^T \qquad (18\text{-}2)$$

式中，X 为 n 维列向量；x_n 为 n 维列向量的第 n 个变量。

可以把设计变量与设计空间的坐标联系起来，如图 18-1 所示。

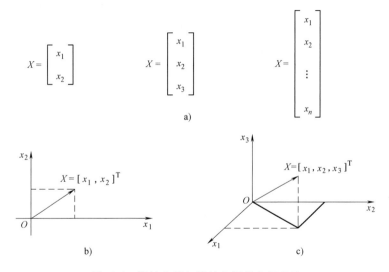

图 18-1　设计变量与设计空间的坐标表示

欧几里得空间是以设计变量为坐标轴。n 维欧氏空间表示为 E^n，可用 $X \in E^n$ 来表示，X 为 n 维向量。

换言之，设计空间是所有设计方案的集合范围，是设计变量的取值空间。

当 $n = 2$ 时，设计空间为二维空间，如图 18-1b 所示。

当 $n = 3$ 时，设计空间为三维空间，如图 18-1c 所示。

当 $n > 3$ 时，设计空间为超越空间。

18.1.3　约束条件

约束条件是求目标函数极值时的某些限制条件，也是对设计变量取值范围的限制条件。通常用字母 g 来表示约束条件函数式。

所建立的约束条件方程式和实际系统的情况越接近，求得的最优化问题的解就越接近实际情况最优解。

约束函数式可以为等式约束或不等式约束，即

$$g_i(x_1, x_2, \cdots, x_n) = 0$$
$$\left.\begin{array}{l} g_i(x_1, x_2, \cdots, x_n) \geq 0 \\ g_i(x_1, x_2, \cdots, x_n) \leq 0 \end{array}\right\} \qquad (18\text{-}3)$$

并可统一写成

$$g_i(X) \leq 0, X \in E^n, i = 1, 2, \cdots, m。 \qquad (18\text{-}4)$$

当 $g_i(X) = 0$ 时，为 n 维空间曲面；当 $g_i(X) \leq 0$ 时，设计空间取值可分成为两部分。

18.1.4　目标函数

目标函数又称为评价函数，是设计变量的函数，也是评价设计方案优劣的数学表达式。

目标函数的数学表达式为：$f(X) = f(x_1, x_2, \cdots, x_n)$

简记为 $$f(X), X \in E^n \qquad (18\text{-}5)$$

用效果、效率、利润等作为目标函数时，最优化设计是要求极大值 $\max f(X)$；而用费用、消耗、成本等作为目标函数时，最优化设计则是要求极小值 $\min f(X)$。

其实，在数学计算上求极大值或极小值并没有原则性的区别。因为求 $f(X)$ 的极小值相当于求 $-f(X)$ 的极大值，即有

$$\min f(X) = -\max[-f(X)] \qquad (18\text{-}6)$$

显然，两者的最优值均在 $X = X^*$ 时得到。故为便于讨论，一般多记为求目标函数最小值 $\min f(X)$。

综上所述，建立解决最优化问题的数学模型，就是要对具体的实际问题进行抽象，得出一个目标函数 $f(X)$ 极值的数学表达式，该表达式要求设计变量 $X(X \in E^n)$ 要满足约束条件 $g_i(X) \leq 0$ 或 $g_i(X) \geq 0$。这样的数学模型可将式（18-1）表示为

$$\begin{cases} \min f(X), X \in E^n \\ S.t.\ g_i(X) \leq 0 \\ \text{或} > 0, i = 1, 2, \cdots, m \end{cases} \qquad (18\text{-}7)$$

式（18-7）即为最优化问题数学模型的典型形式。式中的 4 个数学符号 X、$\min$、$f(X)$、$S.t.\ g_i(X)$ 分别代表设计变量、性能指标、目标函数和约束条件。

18.2　多目标优化方法

多目标优化问题的求解方法很多，其中最主要的有两大类。一类是直接求出非劣解，然后从中选择较好解。属于这类方法的如合适等约束法等。另一类是将多目标优化问题求解时作适当处理。处理的方法可分为两种：一种处理方法是将多目标优化问题重新构造一个函数，即评价函数，从而将多目标优化问题转变为求评价函数的单目标优化问题；另一种是将多目标优化问题转化为一系列单目标优化问题来求解。属于这一大类的前一种方法有：主要目标法、线性加权和法、理想点法、平方和加权法、分目标等除法、功效系数法以及极大极小法等。属于后一种的方法有分层序列法等。此外，还有其他类型的方法，如协调曲线法等。下面简要介绍多目标优化问题和几种比较常用的方法。

18.2.1 多目标优化问题

在实际问题中，大量的工程设计方案要评价其优劣，往往要同时考虑多个目标。例如，对于车床齿轮变速器的设计，提出了下列要求：

1）各齿轮体积总和 $f_1(x)$ 尽可能小，使材料消耗减少，成本降低。

2）各传动轴间的中心距总和 $f_2(x)$ 尽可能小，使变速箱结构紧凑。

3）齿轮的最大圆周速度 $f_3(x)$ 尽可能低，使变速箱运转噪声小。

4）传动效率尽可能高，即机械损耗率 $f_4(x)$ 尽可能低，以节省能源。

此外，变速箱设计时需满足齿轮不根切、不干涉等几何约束条件，还需满足齿轮强度等约束条件，以及有关设计变量的非负约束条件等。

按照上述要求，分别建立四个目标函数：$f_1(x)$、$f_2(x)$、$f_3(x)$、$f_4(x)$。若这几个目标函数都要达到最优，且又满足约束条件，则可归纳为

$$V-\min_{x \in R^n} F(x) = \min[f_1(x) \quad f_2(x) \quad f_3(x) \quad f_4(x)]^T \tag{18-8}$$

$$s.t. \quad g_j(x) \leqslant 0 \qquad (j=1,2,\cdots,p)$$

$$h_k(x) = 0 \qquad (k=1,2,\cdots,q)$$

显然这个问题是一个约束多目标优化问题。

在多目标优化模型中，还有一类模型，其特点是：在约束条件下，各个目标函数不是同等地被优化，而是按不同的优先层次先后地进行优化。例如，某工厂生产：1 号产品，2 号产品，3 号产品，…，n 号产品。应如何安排生产计划，在避免开工不足的条件下，使工厂获得最大利润，工人加班时间尽可能少。若决策者希望把所考虑的两个目标函数按重要性划分为：第一优先层次——工厂获得最大利润，第二优先层次——工人加班时间尽可能少。那么，这种先在第一优先层次极大化总利润，然后在此基础上再在第二优先层次同等地极小化工人加班时间的问题就是分层多目标优化问题。

多目标优化设计问题要求各分量目标都达到最优，如能获得这样的结果，当然十分理想。但是，一般比较困难，尤其各个分目标优化互相矛盾时更是如此。机械优化设计中技术性能的要求往往与经济性的要求互相矛盾。所以，解决多目标优化设计问题也是一个复杂的问题。

从上述多目标优化问题的数学模型可见，多目标优化问题与单目标优化问题的一个本质区别为：多目标优化是一个向量函数的优化，即函数值大小的比较，而向量函数值大小的比较，要比标量值大小的比较复杂。单目标优化问题中，任何两个解都可以比较其优劣，因此是完全有序的。可是对于多目标优化问题，任何两个解不一定都可以比较出优劣，因此只能是半有序的。例如，设计某一产品时，希望对不同要求的 A 和 B 为最小。一般来说，这种要求是难以完美实现的，因为它们没有确切的意义。除非这些性质靠完全不同的设计变量组来决定，而且全部约束条件也是各自独立的。假设产品有 D_1 和 D_2 两个设计，$A(D_1)$ 小于全部可接受 D 的任何一个 $A(D)$，而 $B(D_2)$ 也小于任何其他一个 $B(D)$。设 $A(D_1) < A(D_2)$ 和 $B(D_2) < B(D_1)$，可见上述 D_1 和 D_2 两个设计，没有一个是能同时满足 A 与 B 为最小的要求。即没有一个设计是所期望的。更一般的情形，设 $x^{(0)}$ 和 $x^{(1)}$ 是多目标优化问题、满足约束条件的两个方案（即设计点），要判别这两个设计方案的优劣，需先求出各目

标函数的值。显然，方案 $x^{(1)}$ 肯定比方案 $x^{(0)}$ 好。但是，绝大多数的情况是：$x^{(1)}$ 和对应的某些 $f(x^{(1)})$ 的值小于 $x^{(0)}$ 对应的某些 $f(x^{(0)})$ 值；而另一些则刚好相反。因此，对于多目标设计指标，任意两个设计方案的优劣一般难以判别的，这就是多目标优化问题的特点。这样，单目标优化得到的是最优解，而在多目标优化问题中得到的只是非劣解。而且，非劣解往往不止一个。如何求得能接受的最好非劣解，关键是要选择某种形式的折中。

非劣解是指若由 m 个目标，当要求 $(m-1)$ 个目标值不变坏时，找不到一个 x，使得另一个目标函数值 $f_i(x)$ $(i=1,2,\cdots,m)$ 比 $f_i(x^*)$ 更好，则将此 x^* 作为非劣解。

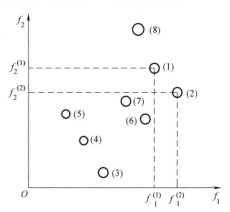

如图 18-2 所示，两个目标 f_1，f_2，有 8 个方案，若希望所有的目标都是越小越好，将方案 1、2 进行比较，对于第一个目标，方案 1 比 2 优；而对于第二个目标，方案 1 比 2 劣。方案 1、2 就无法定出其优劣；但将它们与方案 3、5 相比，则都比方案 3、5 劣；而方案 3、5 又无法比较优劣。在图中的八个方案中，除方案 3、4、5 三个方案外，其他的方案两两之间有时不可相比较，但总可以找到另一个方案比它优。例如，方案 2 比方案 6 劣，方案 6 比方案 3 劣，方案 1 比方案 7 劣，方案 7 比方案 5 劣，方案 8 比方案 4 劣等。因而，方案 1、2、6、7、8 都称为劣解；而方案 3、4、5 彼此间无法比优

图 18-2　多目标问题的劣解与非劣解

劣，但又没有别的方案比它们中的任一个好，因此，这三个解就叫做非劣解。这种非劣解目标优化有着十分重要的作用。

18.2.2　主要目标法

主要目标法的基本思想为：假设按照设计准则建立了 q 个分目标函数 $f_1(X)$、$f_2(X)$、$\cdots$、$f_q(X)$，可以根据这些准则的重要程度，从中选择一个重要的作为主要设计目标，将其他目标作为约束函数，从而构成一个新的单目标优化问题，并将该单目标问题的最优解作为所求多目标问题的相对最优解。

对于多目标函数优化问题，主要目标法所构成的单目标优化问题数学模型如下

$$
\left.
\begin{aligned}
&\min f_1(X), X \in R^n \\
&s.t.\ g_u(X) \leqslant 0\,(u=1,2,\cdots,m) \\
&h_v(X)=0\,(v=1,2,\cdots,p<n) \\
&g_{m+j-1}(X)=f_j(X)-f_j^{(\beta)} \leqslant 0\,(j=2,3,\cdots,q)
\end{aligned}
\right\}
\tag{18-9}
$$

式中，$f_1(X)$ 为主要目标函数；$f_j(X)$ $(j=2,3,\cdots,q)$ 为次要分目标函数；$f_j^{(\beta)}$ $(j=2,3,\cdots,q)$ 为各个次要分目标函数的最大限定值。

18.2.3 统一目标法

统一目标法是指将各个分目标函数 $f_1(X)$、$f_2(X)$、$\cdots$、$f_q(X)$ 按照某种关系建立一个统一的目标函数，即

$$F(X) = \left[f_1(X), f_2(X), \cdots, f_q(X) \right]^T \rightarrow \min \tag{18-10}$$

然后采用前述单目标函数优化方法来求解。由于对统一目标函数 $F(X)$ 的定义方法的不同，有线性加权组合法、乘除法等，下面重点介绍线性加权组合法。

线性加权组合法是将各个分目标函数按式（18-11）组合成统一的目标函数，即

$$F(X) = \sum_{j=1}^{q} W_j f_j(X) \rightarrow \min \tag{18-11}$$

式中，W_j 为加权因子，是一个大于零的数，其值用以考虑各个分目标函数在相对重要程度方面的差异以及在量级和量纲上的差异。

若取 $W_j = 1 (j = 1, 2, \cdots, q)$，则称其为均匀计权，表示各项分目标同等重要；否则，可以用规格化加权处理，即取

$$\sum_{j=1}^{q} W_j = 1 \tag{18-12}$$

表示该目标在该项优化设计所占的相对重要程度。

显然，线性加权组合法中，加权因子选择的合理与否，将直接影响优化设计的结果，期望各项分目标函数值的下降率尽量调的相近，且使单个变量变化对目标函数值的灵敏度尽量趋向一致。

18.3 优化设计软件

MATLAB 是 Matrix Laboratory（矩阵实验室）的缩写，它是美国 MathWorks 公司出品的商业数学软件，用于算法开发、数据可视化、数据分析以及数值计算的高级技术计算语言和交互式环境，主要包括 MATLAB 和 Simulink 两大部分。

MATLAB 拥有数百个内部函数的主包和三十几种工具包。工具包又可以分为功能性工具包和学科工具包。功能性工具包用于扩充 MATLAB 的符号计算、可视化建模仿真、文字处理及实时控制等功能。学科工具包是专业性比较强的工具包，控制工具包、信号处理工具包和通信工具包等都属于此类。

开放性使 MATLAB 广受用户欢迎。除内部函数，所有 MATLAB 主包文件和各种工具包都是可读可修改的文件，用户通过对源程序的修改或加入自己编写的程序构造新的专用工具包。

18.4 优化设计实例

以锥齿轮—斜齿轮三级减速器作为优化设计实例，给出优化方程组和求解结果，求

解结果会得到较为合理的各级的设计参数（例如模数、齿数等）的最优解。本章工作中值得肯定的是我们在做齿轮减速器优化设计时实现了齿轮模数的离散优化设计，更加符合实际。

18.4.1 数学模型的建立

1. 设计变量的选取

一般，齿轮减速器中所有影响设计质量的独立设计参数，如齿轮齿数、模数、螺旋角、齿宽、变位系数以及各级中心距、轴直径、箱体壁厚等结构尺寸都应作为设计变量。但过多的设计变量会增大计算的工作量和难度，通常将那些对优化目标影响比较明显的，易于控制的设计参数作为设计变量。

第一级螺旋角为常量，在优化数学模型中将其作为常数，材料性能也为常数。

综合考虑各种因素影响，在优化数学模型中，将第一级圆弧锥齿轮的模数 m_{12}，齿数 z_1，z_2；第二、三级圆柱斜齿轮的法面模数 m_{n34}、m_{n56}，齿数 z_3、z_4、z_5、z_6；螺旋角 β_{34}、β_{56} 以及各啮合齿齿宽 b_1、b_2、b_3 作为优化设计变量。

综上，该优化模型中共有 14 个设计变量，即

$$X = \left[m_{12}, m_{n34}, m_{n56}, z_1, z_2, z_3, z_4, z_5, z_6, \beta_{34}, \beta_{56}, b_1, b_2, b_3 \right]$$

$$= \left[x_1, x_2, x_3, x_4, x_5, x_6, x_7, x_8, x_9, x_{10}, x_{11}, x_{12}, x_{13}, x_{14} \right]$$

2. 目标函数的建立

目标函数是以设计变量表示设计所要求的某种性能指标的解析表达式，用于评价设计方案的优劣程度。齿轮传动的轮廓尺寸主要取决于齿轮的体积，即主要由两齿轮分度圆直径之和与齿宽乘积所确定，故从这个角度考虑建立目标函数。

（1）第一级小圆弧锥齿轮的体积　为简化计算，将弧齿锥齿轮的体积近似用齿宽中点顶圆直径作为直径，以锥齿轮齿宽为高度的圆柱来计算，如图 18-3 所示，则小圆弧锥齿轮的体积为

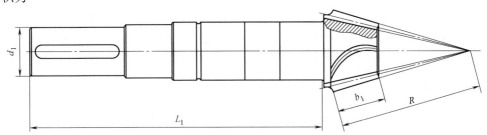

图 18-3　第一级小圆弧锥齿轮示意图及计算简图

$$V_1 = \left[\frac{1}{4}\pi \left(\frac{R - \frac{1}{2}b_1}{R} \cdot d_{a1} \right)^2 \cdot b_1 \right] \Big/ \cos(0.5\beta_m)$$

式中，$R = \frac{1}{2}m_{12}(z_1 + z_2)$；$d_{a1} = m_{12}z_1 + 2m_{12}\cos\left(\operatorname{arccot}\frac{z_2}{z_1}\right)$；$\beta_m = 35°$（要求恒定）。

代入化简得到第一级小圆弧锥齿轮的体积的表达式

$$V_1 = \frac{1}{4}\pi \left[\frac{\frac{1}{2}m_{12}(z_1+z_2)-\frac{1}{2}b_1}{\frac{1}{2}m_{12}(z_1+z_2)} \right]^2 \left[m_{12}z_1 + 2m_{12}\cos\left(\operatorname{arccot}\frac{z_2}{z_1}\right) \right]^2 b_1/\cos 17.5°$$

$$= \frac{1}{4}\pi \left[\frac{m_{12}(z_1+z_2)-b_1}{m_{12}(z_1+z_2)} \right]^2 \left[m_{12}z_1 + 2m_{12}\cos\left(\operatorname{arccot}\frac{z_2}{z_1}\right) \right]^2 b_1/\cos 17.5°$$

（2）第一级大圆弧锥齿轮的体积　同理，则大圆弧锥齿轮（图 18-4）的体积为

$$V_2 = \left[\frac{1}{4}\pi \left(\frac{R-\frac{1}{2}b_1}{R}d_{a2} \right)^2 b_1 \right] \Big/ \cos\,(0.5\beta_{\mathrm{m}})$$

式中，$R = \frac{1}{2}m_{12}\,(z_1+z_2)$；$d_{a2} = m_{12}z_2 + 2m_{12}\cos\left(\arctan\frac{z_2}{z_1}\right)$；$\beta_{\mathrm{m}} = 35°$（要求恒定）。

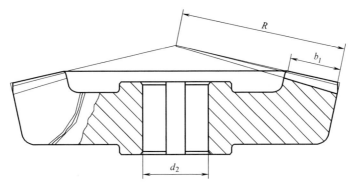

图 18-4　第一级大圆弧锥齿轮的示意图及计算简图

代入得到第一级大圆弧锥齿轮体积的表达式为

$$V_2 = \frac{1}{4}\pi \left[\frac{m_{12}(z_1+z_2)-b_1}{m_{12}(z_1+z_2)} \right]^2 \left[m_{12}z_2 + 2m_{12}\cos\left(\arctan\frac{z_2}{z_1}\right) \right]^2 b_1/\cos 17.5°$$

（3）第二级小斜齿轮的体积　如图 18-5 所示，很显然，第二级小齿轮的体积为

$$V_3 = \frac{\frac{1}{4}\pi b_2 (m_{n34}z_3)^2}{\cos^3\beta_{34}}$$

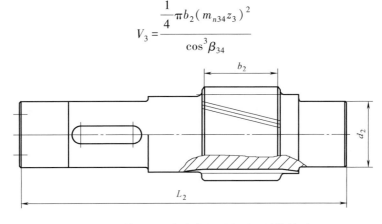

图 18-5　第二级小斜齿轮的示意图及计算简图

（4）第二级大斜齿轮的体积　如图 18-6 所示，很显然，第二级大斜齿轮的体积为

$$V_4 = \frac{\frac{1}{4}\pi b_2 (m_{n34}z_4)^2}{\cos^3\beta_{34}}$$

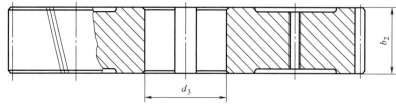

图 18-6　第二级大斜齿轮的示意图及计算简图

（5）第三级小斜齿轮的体积　如图 18-7 所示，很显然，第三级小斜齿轮的体积为

$$V_5 = \frac{\frac{1}{4}\pi b_3 (m_{n56}z_5)^2}{\cos^3\beta_{56}}$$

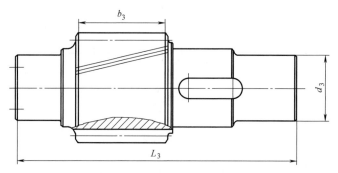

图 18-7　第三级小斜齿轮的示意图及计算简图

（6）第三级大斜齿轮的体积　如图 18-8 所示，很显然，第三级大斜齿轮的体积为

$$V_6 = \frac{\frac{1}{4}\pi b_3 (m_{n56}z_6)^2}{\cos^3\beta_{56}}$$

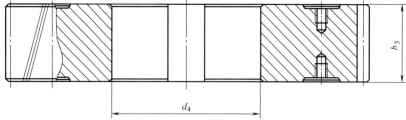

图 18-8　第三级大斜齿轮的示意图及计算简图

（7）减速器总体积和目标函数的建立　综上有，减速器的总体积的表达式为

$$V = V_1 + V_2 + V_3 + V_4 + V_5 + V_6$$

$$
\begin{aligned}
= \frac{1}{4}\pi\Bigg\{ &\left[\frac{m_{12}(z_1+z_2)-b_1}{m_{12}(z_1+z_2)}\right]^2\left[m_{12}z_1+2m_{12}\cos\left(\text{arccot}\,\frac{z_2}{z_1}\right)\right]^2 b_1/\cos17.5°+ \\
&\left[\frac{m_{12}(z_1+z_2)-b_1}{m_{12}(z_1+z_2)}\right]^2\left[m_{12}z_2+2m_{12}\cos\left(\arctan\frac{z_2}{z_1}\right)\right]^2 b_1/\cos17.5°+ \\
&\frac{(m_{n34}z_3)^2 b_2}{\cos^3\beta_{34}}+\frac{(m_{n34}z_4)^2 b_2}{\cos^3\beta_{34}}+\frac{(m_{n56}z_5)^2 b_3}{\cos^3\beta_{56}}+\frac{(m_{n56}z_6)^2 b_3}{\cos^3\beta_{56}}\Bigg\}
\end{aligned}
$$

将各个变量用对应的 x 代替，则要建立的目标函数的表达式为

$$
\begin{aligned}
V = \frac{1}{4}\pi\Bigg\{ &\left[\frac{x_1(x_4+x_5)-x_{12}}{x_1(x_4+x_5)}\right]^2\left[x_1x_4+2x_1\cos\left(\text{arccot}\,\frac{x_5}{x_4}\right)\right]^2 x_{12}/\cos17.5°+ \\
&\left[\frac{x_1(x_4+x_5)-x_{12}}{x_1(x_4+x_5)}\right]^2\left[x_1x_5+2x_1\cos\left(\arctan\frac{x_5}{x_4}\right)\right]^2 x_{12}/\cos17.5°+ \\
&\frac{(x_2x_6)^2 x_{13}}{\cos^3 x_{10}}+\frac{(x_2x_7)^2 x_{13}}{\cos^3 x_{10}}+\frac{(x_3x_8)^2 x_{14}}{\cos^3 x_{11}}+\frac{(x_3x_9)^2 x_{14}}{\cos^3 x_{11}}\Bigg\}
\end{aligned}
$$

18.4.2　确定性能约束条件

性能约束即传动质量的约束，有齿面接触疲劳强度、齿根弯曲疲劳强度、圆周速度和轴向力等方面，约束方程为

（1）最少齿数约束　标准齿轮传动避免发生根切的最少齿数为 17，由于给定初始设计方案，齿轮有变位，则优化过程允许出现变位齿轮，但齿数不易过少，这里设定最小齿数为 10，故约束条件为

$$
\begin{aligned}
g_1(x) &= 10-x_4 \leq 0 \\
g_2(x) &= 10-x_5 \leq 0 \\
g_3(x) &= 10-x_6 \leq 0 \\
g_4(x) &= 10-x_7 \leq 0 \\
g_5(x) &= 10-x_8 \leq 0 \\
g_6(x) &= 10-x_9 \leq 0
\end{aligned}
$$

（2）斜齿轮法向模数的限制　斜齿轮用于动力减速器时，法向模数不应小于 2.5mm，但应该在设计标准中允许的模数值中找，则可引用离散变量的思想，故约束条件为

$$
\begin{aligned}
g_7(x) &= 2.5-x_1 \leq 0 \\
g_8(x) &= 2.5-x_2 \leq 0 \\
g_9(x) &= 2.5-x_3 \leq 0
\end{aligned}
$$

（3）斜齿轮螺旋角的限制　为了不使轴承承受过大的轴向力，斜齿圆柱齿轮传动的螺旋角不宜过大，一般取 8°~12°。考虑减速机用到岸桥这种重要的场合，为使其更加接近实际，取值范围为 10°~14.6°。故约束条件为

$$g_{10}(x) = 10\times\frac{\pi}{180}-x_{10} \leq 0$$

$$g_{11}(x) = x_{10}-14.6\times\frac{\pi}{180} \leq 0$$

$$g_{12}(x) = 10 \times \frac{\pi}{180} - x_{11} \leqslant 0$$

$$g_{13}(x) = x_{11} - 14.6 \times \frac{\pi}{180} \leqslant 0$$

（4）斜齿圆柱齿轮齿宽系数约束　　一般情况下齿宽系数取 0.2~1.4，增大齿宽系数，可使中心距减少，但同时齿宽会增大，使得齿轮的受力在齿宽方向分布不均匀，造成载荷集中。根据设计经验可知：当轴承相对小齿轮对称布置时，齿宽系数可取 0.9~1.4；当两轴承相对小齿轮不对称布置时，齿宽可取 0.7~1.15。符合第二种情况，故齿宽系数取 0.7~1.15。则相应的约束条件为

$$g_{14}(x) = 0.7 - \frac{x_{13}}{x_2 x_6} \leqslant 0$$

$$g_{15}(x) = \frac{x_{13}}{x_2 x_6} - 1.15 \leqslant 0$$

$$g_{16}(x) = 0.7 - \frac{x_{14}}{x_3 x_8} \leqslant 0$$

$$g_{17}(x) = \frac{x_{14}}{x_3 x_8} - 1.15 \leqslant 0$$

（5）圆弧锥齿轮齿宽的约束　　由于锥齿轮是收缩齿，刀具顶刃宽与齿宽有密切关系，综合考虑相关因素，一般推荐齿宽为外锥距的 $\frac{1}{4} : \frac{1}{3}$，即 $\frac{1}{4}R \leqslant b \leqslant \frac{1}{3}R$。故约束条件为

$$g_{18}(x) = \frac{1}{4} \times \frac{1}{2} \sqrt{(x_1 x_4)^2 + (x_1 x_5)^2} - x_{12} \leqslant 0$$

$$g_{19}(x) = x_{12} - \frac{1}{3} \times \frac{1}{2} \sqrt{(x_1 x_4)^2 + (x_1 x_5)^2} \leqslant 0$$

（6）圆弧锥齿轮纵向重合度约束　　圆弧锥齿轮纵向重合度约束须大于 2.5，即 $\dfrac{Rb\tan\beta}{(R-0.5b)\pi m_{12}} \geqslant 1.25$，故约束条件为

$$g_{20}(x) = 1.25 - \frac{\sqrt{(x_1 x_4)^2 + (x_1 x_5)^2}\, x_{12}\tan 35}{(\sqrt{(x_1 x_4)^2 + (x_1 x_5)^2} - x_{12})\pi x_1} \leqslant 0$$

（7）斜齿圆柱齿轮纵向重合度的限制　　斜齿圆柱齿轮纵向重合度要求大于 1，即 $\varepsilon = \dfrac{b\sin\beta}{\pi m} \geqslant 1$。故约束条件为

$$g_{21}(x) = 1 - \frac{x_{13}\sin x_{10}}{\pi x_2} \leqslant 0$$

$$g_{22}(x) = 1 - \frac{x_{14}\sin x_{11}}{\pi x_3} \leqslant 0$$

（8）高、低速级减速比的限制　　为了便于润滑，应使高速级和低速级大齿轮的浸油深度大致相等。综合考虑一些因素，其值取 $i_{12} = (1.18:1.62)i_{34}$，$i_{34} = (1.18:1.62)i_{56}$。故高、低速级减速比的约束条件为

$$g_{23} = 1.18 \times \frac{x_7}{x_6} - \frac{x_5}{x_4} \leqslant 0$$

$$g_{24} = \frac{x_5}{x_4} - 1.62 \times \frac{x_7}{x_6} \leqslant 0$$

$$g_{25} = 1.18 \times \frac{x_9}{x_8} - \frac{x_7}{x_6} \leqslant 0$$

$$g_{26} = \frac{x_7}{x_6} - 1.62 \times \frac{x_9}{x_8} \leqslant 0$$

（9）高速级大齿轮与低速轴之间不干涉的条件限制　要使高速级大齿轮与低速轴之间互不干涉，则需要使低速级相互啮合的一对齿轮的齿顶圆之和一半小于高速级大齿轮齿顶圆的一半与下一级低速轴轴颈的一半之和，下一级低速级轴轴颈即分别为两个斜齿圆柱齿轮轴的齿顶圆。故约束条件为

$$g_{27}(x) = x_1 x_5 + x_3 x_8 + 30 - x_2(x_5 + x_7) \leqslant 0$$
$$g_{28}(x) = x_2 x_7 + 175 + 30 - x_3(x_8 + x_9) \leqslant 0$$

（10）齿轮的接触疲劳强度限制　为了使优化方案更加安全可靠，在约束方程中将许用应力进行了适当的缩小。由于齿轮的接触疲劳强度小于许用接触疲劳强度，代入相应的数据（相应的数据在齿轮校核部分），约束条件为

$$g_{29}(x) = 407538.86 \times \sqrt{\frac{1}{x_{12} x_1^2 x_4^2} \times \frac{\sqrt{\frac{x_5^2}{x_4^2} + 1}}{\frac{x_5}{x_4}}} - 1000 \leqslant 0$$

$$g_{30}(x) = 223514.54 \times \sqrt{\cos x_{10}} \times \sqrt{\frac{1}{x_{13} x_2^2 x_6^2} \times \frac{x_5}{x_4} \times \frac{\frac{x_7}{x_6} + 1}{\frac{x_7}{x_6}}} - 1000 \leqslant 0$$

$$g_{31}(x) = 301296.62 \times \sqrt{\cos x_{11}} \times \sqrt{\frac{1}{x_{14} x_3^2 x_8^2} \times \frac{x_5}{x_4} \times \frac{x_7}{x_6} \times \frac{\frac{x_9}{x_8} + 1}{\frac{x_9}{x_8}}} - 1100 \leqslant 0$$

（11）齿轮齿根弯曲疲劳强度限制　为了使优化方案更加安全可靠，约束方程中将许用应力进行了适当的缩小。由齿轮的齿根弯曲疲劳强度小于许用齿根弯曲疲劳强度可知，代入相应的数据（相应的数据在齿轮校核部分），约束条件为

$$g_{32}(x) = 1926730.5 \times \frac{1}{x_{12} x_1^2 x_4} - 667.454 \leqslant 0$$

$$g_{33}(x) = 1941037.91 \times \frac{1}{x_{12} x_1^2 x_4} - 667.454 \leqslant 0$$

$$g_{34}(x) = 1385886.07 \times \frac{1}{x_{13} x_6 x_2^2} \times \frac{x_5}{x_4} - 518.175 \leqslant 0$$

$$g_{35}(x) = 1370580.95 \times \frac{1}{x_{13}x_6x_2^2} \times \frac{x_5}{x_4} - 534.15 \leq 0$$

$$g_{36}(x) = 1497778.55 \times \frac{1}{x_{14}x_8x_3^2} \times \frac{x_5}{x_4} \times \frac{x_7}{x_6} - 517.42 \leq 0$$

$$g_{37}(x) = 1392570.61 \times \frac{1}{x_{14}x_8x_3^2} \times \frac{x_5}{x_4} \times \frac{x_7}{x_6} - 540.15 \leq 0$$

（12）总减速比约束　初始给定方案的传动比为 95.7，考虑实际需要，因此，优化时约束总传动比在该值左右波动，约束条件为

$$g_{38}(x) = \frac{x_5x_7x_9}{x_4x_6x_8} - 98 \leq 0$$

$$g_{39}(x) = 93 - \frac{x_5x_7x_9}{x_4x_6x_8} \leq 0$$

（13）各大齿轮直径的关系约束　对于多级减速箱，一般低速级大小齿轮的直径大于高速级大小齿轮的直径，故约束条件为

$$g_{40}(x) = x_5x_1 - x_7x_2 \leq 0$$
$$g_{41}(x) = x_7x_2 - x_9x_3 \leq 0$$
$$g_{42}(x) = x_4x_1 - x_6x_2 \leq 0$$
$$g_{43}(x) = x_6x_2 - x_8x_3 \leq 0$$

（14）各级齿宽的关系约束　由于高速级转矩小于低速级转矩，因此，在减速箱设计过程中，一般希望高速级齿宽小于低速级齿宽。

$$g_{44}(x) = x_{12} - x_{13} \leq 0$$
$$g_{45}(x) = x_{13} - x_{14} \leq 0$$

（15）当量齿数的限制　为了得到最优解，则设定该值在与给定方案中的当量齿数的上下小范围内波动，约束条件为

$$g_{46}(x) = 15 - \frac{x_6}{(\sin x_{10})^3} \leq 0$$

$$g_{47}(x) = 78 - \frac{x_7}{(\sin x_{10})^3} \leq 0$$

$$g_{48}(x) = 15 - \frac{x_8}{(\sin x_{11})^3} \leq 0$$

$$g_{49}(x) = 70 - \frac{x_9}{(\sin x_{11})^3} \leq 0$$

18.4.3　约束条件处理

1. 离散约束条件——模数的处理

减速器优化时，列出优化目标函数以及约束条件后应用 Matlab 求解，对模数这一离散变量均采用连续的思想，即假定模数是连续的，对其进行求解，最后再将得到的模数与标准

模数系列表（表 18-1）中的标准模数对比，选取靠近求解结果的模数，近似作为优化的结果，但这样得出的结果在数学上不是最优的，我们做过这样的尝试；例如：求得的模数为 3.963，对比标准模数选取 4 作为优化结果，然而目标函数可能在模数为 3 时取得最小，因此，该方法不是最好的求解方法。

考虑以上情况，几经周折编制了性能优良的数学函数，使得离散变量离散处理，该方法经过了我们的多途径验证，取得了较好的效果。所编制的数学函数由于篇幅关系略去。

表 18-1　渐开线齿轮的标准模数 （GB/T 1357—2008）

第一系列	1	1.25	1.5	2	2.5	3	4	5	6	8	10	12	16	20	25
第二系列	1.125	1.375	1.75	(2.25)	2.75	(3.5)	4.5	5.5	(6.5)	7	9	11	14	18	22

注：1. 根据齿轮强度计算的模数应圆整为标准值。
　　2. 对于传递动力的圆柱齿轮传动，一般应满足模数 $m>1.5$mm；对于锥齿轮传动，模数 $m \geqslant 2$mm。
　　3. 应优先采用第一系列，括号内的模数尽可能不用。
　　4. 对于斜齿轮，取法面模数为标准模数。锥齿轮，取大端模数为标准模数。

2. 线性约束条件的处理

为了求解方便，使求解速度加快，在 Matlab 中将线性较好约束条件，即将约束条件中（1）～（3）类中的 $g_1(x)$～$g_{13}(x)$ 约束条件在 Matlab 中转换为变量的最大值和最小值问题，这样设定变量的变化范围即与上述对应的约束条件等价；转换的优点在于：减少了输入到 Matlab 中约束条件的个数，使得约束条件从 49 个变为 36 个（实际上还是 49 个），求解速度加快。

18.4.4　目标函数在多种约束条件组合下的 Matlab 优化求解

1. 模数在第一系列和第二系列中离散取值前提下的优化求解

模数在第一系列和第二系列中离散取值前提即模数可以取第一系列和第二系列中的值，在数学编程中表现为

D1 = [2.5, 2.75, 3, 3.5, 4, 4.5, 5, 5.5, 6, 6.5, 7, 8, 9, 10, 11, 12, 14, 16]；

上述情况是假定三级模数取值范围相同，此时在数学编程中形式如下

若三级模数范围不同，则在数学编程中表现形式为：

D1 = [2.5, 2.75, 3, 3.5, 4, 4.5, 5, 5.5..........]；

D2 = [.........,3.5, 4, 4.5, 5, 5.5, 6,.........]；

D3 = [............,6.5, 7, 8, 9, 10, 11, 12, 14, 16]；

式中，D1、D2、D3 分别代表三级模数的取值范围。当然，上面的范围是人为给定的，是可以修改的，而模数确实必须取其中的某个值。

运行后，Matlab 命令窗口输出如图 18-9 所示。

```
the programming costs time：（运行时间）
ans =    481.2813
ans =
    Columns 1 through 9
      3.2500      3.2500      5.0000     17.0000    102.0000     21.0000    105.0000
30.0000   93.0000
    Columns 10 through 14
      0.1745      0.1745     55.9207     76.0489    130.2921
    ans =    4.7082e+007
```

图 18-9　Matlab 命令窗口（一）

即：x = [3.2500   3.2500   5.0000   17.0000   102.0000   21.0000   105.0000   30.0000   93.0000   0.1745   0.1745   55.9207   76.0489   130.2921]

目标函数值为：ans = 4.7082e+007

说明：由于模数表中第二系列不常用，而我们也比较关心第一系列，因此，允许模数在第一系列和第二系列取值的优化结果只求解了一组。

2. 模数只在第一系列中离散取值前提下的优化求解

模数只在第一系列中离散取值前提即模数取第一系列中的离散值，在数学编程中表现为
D1 = [2.5,3,4,5,6,8,10,12,16]；

假定三级模数取值范围相同，如上；若三级模数范围不同，则在数学编程中表现形式为
D1 = [2.5,3,4.................]；
D2 = [........,4,5,6,8,.......]；
D3 = [..............,10,12,16]；

D1、D2、D3分别代表三级模数的取值范围。当然，上面的范围是人为给定的，是可以修改的，而模数确实必须取其中的某个值。

（1）约束条件中1~15类全约束下的求解　运行后，Matlab命令窗口如图18-10所示。

```
the programming costs time：（运行时间）
ans =   266.0156
ans =
    Columns 1 through 7
    2.5000    4.0000    5.0000   22.0000   135.0000   18.0000   88.0000
    Columns 8 through 14
    30.0000   93.0000   0.1803   0.1745   56.3632   70.0783   130.2921
ans =   4.7149e+007
```

图 18-10　Matlab 命令窗口（二）

即：x = [2.5000   4.0000   5.0000   22.0000   135.0000   18.0000   88.0000   30.0000   93.0000   0.1803   0.1745   56.3632   70.0783   130.2921]

目标函数值为：ans = 4.7149e+007

（2）约束条件中1~14类约束下的求解　运行后，Matlab命令窗口输出如图18-11所示。

```
the programming costs time：（运行时间）
ans =   374.2969
ans =
    Columns 1 through 7
    2.5000    4.0000    5.0000   22.0000   135.0000   18.0000   88.0000
    Columns 8 through 14
    30.0000   93.0000   0.1803   0.1745   56.3632   70.0783   130.2921
ans =   4.7149e+007
```

图 18-11　Matlab 命令窗口（三）

即：x = [2.5000　　4.0000　　5.0000　22.0000　135.0000　18.0000　88.0000　30.0000　93.0000　　0.1803　　0.1745　56.3632　70.0783　130.2921]

目标函数值为：ans = 4.7149e+007

（3）约束条件中 1～13 类约束下的求解　运行后，Matlab 命令窗口输出如图 18-12 所示。

the programming costs time：（运行时间）

　　ans =　　　308.3125

　　ans =

　　　Columns 1 through 7

　　　　2.5000　　4.0000　　5.0000　22.0000　135.0000　18.0000　88.0000

　　　Columns 8 through 14

　　　　30.0000　93.0000　　0.1803　　0.1745　56.3632　70.0783　130.2921

　　ans =　　4.7149e+007

图 18-12　Matlab 命令窗口（四）

即：x = [2.5000　　4.0000　　5.0000　22.0000　135.0000　18.0000　88.0000　30.0000　93.0000　　0.1803　　0.1745　56.3632　70.0783　130.2921]

目标函数值为：ans = 4.7149e+007

由 1、2 及 3 可见，14、15 类约束条件对优化结果影响较小。

（4）约束条件中 1～12 类约束下的求解　运行后，Matlab 命令窗口输出如图 18-13 所示。

the programming costs time：

　　ans =　　　314.7031

　　ans =

　　　Columns 1 through 9

　　　　2.5000　　4.0000　　5.0000　22.0000　　134.0000　17.0000　83.0000　31.0000　97.0000

　　　Columns 10 through 14

　　　　0.1745　　0.1745　56.3851　78.0821　120.6822

　　ans =　　4.7146e+007

图 18-13　Matlab 命令窗口（五）

即：x = [2.5000　　4.0000　　5.0000　22.0000　134.0000　17.0000　83.0000 31.0000　97.0000　0.1745　0.1745　56.3851　78.0821　120.6822]

目标函数值为：ans = 4.7146e+007

（5）约束条件中 1~11 类约束下的求解　运行后，Matlab 命令窗口输出如图 18-14 所示。

the programming costs time：

ans =　384.3438

ans =

　　　Columns 1 through 10

　　　2.5000　　5.0000　　2.5000　45.0000　50.0000　11.0000　10.0000 58.0000　44.0000　0.2548

　　　Columns 11 through 14

　　　0.1745　23.7526　62.3156　101.5000

ans =　4.4463e+006

图 18-14　Matlab 命令窗口（六）

即：x = [2.5000　　5.0000　　2.5000　45.0000　50.0000　11.0000　10.0000 58.0000　44.0000　0.2548　0.1745　23.7526　62.3156　101.5000]

目标函数值为：ans = 4.4463e+006

（6）约束条件中 1~7、1~10 类约束下的求解　运行后，Matlab 命令窗口输出如图 18-15 所示。

the programming costs time：

ans =　947.9688

ans =

　　　Columns 1 through 9

　　　2.5000　　4.0000　　5.0000　23.0000　126.0000　17.0000　93.0000 29.0000　90.0000

　　　Columns 10 through 14

　　　0.1836　　0.1745　51.9084　68.8312　139.2523

ans =　4.7092e+007

图 18-15　Matlab 命令窗口（七）

即：x = [2.5000　　4.0000　　5.0000　23.0000　126.0000　17.0000　93.0000 29.0000　90.0000　0.1836　0.1745　51.9084　68.8312　139.2523]

目标函数值为：ans = 4.7092e+007。

18.4.5 优化建议方案及参考建议

减速器设计应考虑的问题很多，在优化方面，需要考虑的约束条件中较为重要的有以下 1~15 类约束条件，即最少齿数约束；斜齿轮法向模数的限制；斜齿轮螺旋角的限制；斜齿圆柱齿轮齿宽系数约束；圆弧锥齿轮齿宽的约束；圆弧锥齿轮纵向重合度约束；斜齿圆柱齿轮纵向重合度的限制；高、低速级减速比的限制；高速级大齿轮与低速轴之间不干涉的条件限制；齿轮的接触疲劳强度限制；齿轮齿根弯曲疲劳强度限制；总减速比约束；各大齿轮齿数的关系约束；各级齿宽的关系约束；当量齿数的限制。

优化模型中共有 14 个设计变量，即：

$$X = \left[m_{12}, m_{n34}, m_{n56}, z_1, z_2, z_3, z_4, z_5, z_6, \beta_{34}, \beta_{56}, b_1, b_2, b_3 \right]$$

$$= \left[x_1, x_2, x_3, x_4, x_5, x_6, x_7, x_8, x_9, x_{10}, x_{11}, x_{12}, x_{13}, x_{14} \right]$$

1. 给定的初始方案

变量值：$x = \left[6, 5, 7, 13, 54, 15, 79, 16, 70, 0.1745, 0.1745, 55, 75, 110 \right]$

将给定的变量代入目标函数得到目标函数值。即给定方案的减速器体积为：ans = 4.8237e+007。

2. 不同类约束条件组合下的优化方案

（1）当模数可取第一系列和第二系列中的离散值时，不同约束条件组合下的优化方案为：

1~15 类约束条件组合，$x = \left[3.2500 \quad 3.2500 \quad 5.0000 \quad 17.0000 \quad 102.0000 \quad 21.0000 \right.$ $105.0000 \quad 30.0000 \quad 93.0000 \quad 0.1745 \quad 0.1745 \quad 55.9207 \quad 76.0489 \quad 130.2921 \left. \right]$；目标函数值为 ans = 4.7082e+007

（2）当模数只能取第一系列中的离散值时，不同约束条件组合下的优化方案为：

1) 1~15 类约束条件组合，$x = \left[2.5000 \quad 4.0000 \quad 5.0000 \quad 22.0000 \quad 135.0000 \right.$ $18.0000 \quad 88.0000 \quad 30.0000 \quad 93.0000 \quad 0.1803 \quad 0.1745 \quad 56.3632 \quad 70.0783 \quad 130.2921 \left. \right]$，目标函数值为 ans = 4.7149e+007

2) 1~14 类约束条件组合，$x = \left[2.5000 \quad 4.0000 \quad 5.0000 \quad 22.0000 \quad 135.0000 \right.$ $18.0000 \quad 88.0000 \quad 30.0000 \quad 93.0000 \quad 0.1803 \quad 0.1745 \quad 56.3632 \quad 70.0783 \quad 130.2921 \left. \right]$，目标函数值为 ans = 4.7149e+007

3) 1~13 类约束条件组合，$x = \left[2.5000 \quad 4.0000 \quad 5.0000 \quad 22.0000 \quad 135.0000 \right.$ $18.0000 \quad 88.0000 \quad 30.0000 \quad 93.0000 \quad 0.1803 \quad 0.1745 \quad 56.3632 \quad 70.0783 \quad 130.2921 \left. \right]$，目标函数值为 ans = 4.7149e+007

4) 1~12 类约束条件组合，$x = \left[\quad 2.5000 \quad 4.0000 \quad 5.0000 \quad 23.0000 \quad 126.0000 \right.$ $17.0000 \quad 93.0000 \quad 29.0000 \quad 90.0000 \quad 0.1836 \quad 0.1745 \quad 51.9084 \quad 68.8312 \quad 139.2523 \left. \right]$，目标函数值为：ans = 4.7092e+007。

5) 1~7 类约束条件组合，$x = \left[2.5000 \quad 5.0000 \quad 2.5000 \quad 45.0000 \quad 50.0000 \quad 11.0000 \right.$ $10.0000 \quad 58.0000 \quad 44.0000 \quad 0.2548 \quad 0.1745 \quad 23.7526 \quad 62.3156 \quad 101.5000 \left. \right]$，目标函数值为：ans = 4.4463e+006

6) 1~7、8~12 类约束条件组合，$x = \left[\quad 2.5000 \quad 4.0000 \quad 5.0000 \quad 22.0000 \quad 134.0000 \right.$

17.0000   83.0000   31.0000   97.0000   0.1745   0.1745   56.3851   78.0821
120.6822]，目标函数值为 ans = 4.7146e+007

3. 建议优化方案

以上述 Matlab 求解结果作为参考依据，并采用了程序化设计及优化思想，通过程序化优化分析结果、Matlab 优化分析结果以及给定的初始方案的比较分析，考虑一些模糊因素，为使安全系数提高一个档次，设计方案如下：

（1）第一级啮合齿轮相应的参数

1）大端端面模数：$m_{12} = 6$

2）齿数：$z_1 = 12$，$z_2 = 50$

3）压力角：$\alpha = 20°$

4）螺旋角：$\beta_{12} = 35°$；

5）切向变位系数：$x_{t1} = 0.125$，$x_{t2} = -0.125$；

6）径向变位系数：$x_1 = 0.367$，$x_2 = -0.367$；

7）大端分度圆直径：$d_1 = 72mm$，$d_2 = 300mm$；

8）齿宽：$b_1 = 45mm$，$b_2 = 45mm$；

9）节锥角：$\delta_1 = 13.536°$，$\delta_2 = 76.464°$。

（2）第二级啮合齿轮相应的参数

1）模数：$m_{n34} = 5$；

2）齿数：$z_3 = 15$，$z_4 = 75$，$\beta_{34} = 10°$；

3）变位系数：$x_3 = 0$；

4）直径：$d_3 = 76.16mm$，$d_4 = 380.79mm$；

5）齿宽：$b_3 = 75mm$，$b_4 = 75mm$。

（3）第三级啮合齿轮相应的参数

1）模数：$m_{n56} = 5$；

2）齿数：$z_5 = 22$，$z_6 = 100$，$\beta_{56} = 10°$；

3）变位系数：$x_5 = 0$，$x_6 = 0$；

4）直径：$d_5 = 112.24mm$，$d_6 = 510.2mm$；

5）齿宽：$b_5 = 125mm$，$b_6 = 125mm$。

4. 建议优化结果与给定方案的比较

根据优化设计变量，从初始给定方案、建议优化方案的模数、各级小齿轮齿数、各级大齿轮齿数、齿宽、螺旋角、各级传动比、中心距（锥距）、各级大齿轮直径等几个方案进行比较，初始给定方案和建议优化方案的总传动比和齿轮体积之和的比较见表18-2。

因此，建议优化方案的传动比分配更为合理、在保证齿面接触疲劳强度和齿根弯曲疲劳强度的前提下，前两级中心距都比初始给定方案的中心距小，第三级中心距与给定方案接近，但三级总中心距要比给定方案小得多，而且对比建议优化方案中的各级中心距和各级大齿轮半径可知三级均不会出现干涉现象，因此，建议优化方案不失为一种相对优化的设计方案，我们建议替换初始给定方案。

表 18-2　初始给定方案、建议优化方案的比较列表

方案	级数	模数	各级小齿轮齿数	各级大齿轮齿数	齿宽	螺旋角	传动比	中心距（锥距）	各级大齿轮半径	总传动比
初始给定方案	第一级	6	13	54	55	35	4.15	166.63	162	95.5
	第二级	5	15	79	75	14	5.26	242.20	203.55	
	第三级	7	16	70	115	12	4.375	307.72	250.47	
建议优化方案	第一级	6	12	50	45	35	4.17	154.26	150	94.7
	第二级	5	15	75	75	10	5	228.47	187.5	
	第三级	5	22	100	120	10	4.55	309.71	253.86	

第四篇 案例演练、能力提升（实战篇）

"挑战杯"全国大学生课外学术科技作品竞赛全国一等奖案例：面向自升式海洋钻井平台的行星传动齿轮-齿条爬升与锁紧系统

19.1 设计目的

随着世界经济的高速发展，能源消耗呈上涨趋势，能源匮乏日益凸显。据我国国家统计局资料显示：中国 2008 年能源消费总量同比增长 4.0%，其中原油消费量 3.6 亿 t，进口石油依存度大于 50%。我国石油储备量居世界 13 位，石油总资源量约 1021 亿 t，其中，海洋储备 246 亿 t，占 24%。所以，在当前能源环境下，大力开发海洋石油将成为我国能源工作的重中之重。因此，需发展海洋工程装备，支持造船企业研究开发新型自升式钻井平台等海洋工程装备，鼓励开发海洋工程动力及传动系统等关键系统和配套设备。海洋石油钻井平台的设计制造技术正迅速发展。其支撑和升降运行机构的主要组成部分——爬升与锁紧装置是海洋钻井平台中的关键。

然而，目前我国海洋油气工程设备自主研发能力较为薄弱，设计自升式海洋钻井平台主要面向浅海油气田作业，作业深度在 80m 以内，不能达到国际 120m 的设计要求。与此同时，我国自升式海洋钻井平台的主要部件（如新型传动系统等）仍需进口，新型传动系统中的部件——减速器、爬升与锁紧装置一套需要近 30 万欧元，一个自升式海洋钻井平台需要 36~54 套，即上亿人民币。因此，为了解决这个问题，本作品对其进行了详细的研究。

本作品主要是提供自升式海洋钻井平台的设计思路和方法，设计出更具有先进性的海洋石油开采设备，努力促进该领域研究的发展，提高国内关于自升式海洋钻井平台领域的研究水平，使我国早日具备先进的、有自主知识产权的自升式海洋钻井平台的研发和设计能力。

19.2 设计思路

自升式海洋钻井平台属于大型机械设备，体积庞大且制造成本高昂（图 19-1），所以目前多采取样机试制的方式对海洋钻井平台的设计和运行进行研究。考虑制造条件、制造成本、运输性能等因素，样机的设计方案采取平台与爬升机构等比缩放至 $2m^3$ 以内，其中减速器传动比仍保持 1：1 设计方案的 5400，为样机的运行提供足够大的力矩。

按此原则对自升式海洋钻井平台爬升与锁紧系统进行设计，制造出 1：120 自升式海洋钻井平台静态模型，该模型中海洋钻井平台主船体及生活区域均呈等腰三角形结构，长宽分别为 73m 和 56m，平台包含一座起重量为 150t 的主起重机，两座起重量为 50t 的副起重机以及救援用海上直升机停坪一座，还含有可供 400 人同时生活达四星级酒店标准的生活区，可为海洋石油开采人员提供良好的生活环境。系统总体质量数万吨，根据海洋的水位高差，依赖自升式海洋钻井平台高性能传动爬升与锁紧系统进行爬升锁紧作业。

图 19-2 为自升式海洋钻井平台行星传动齿轮-齿条爬升与锁紧系统中单支腿中一侧齿轮-齿条爬升机构示意图，该图直观地反映了本作品的设计概貌。

图 19-1　自升式海洋钻井平台实际图

图 19-2　齿轮-齿条爬升机构示意图

本作品采用模块化设计思想，将海洋钻井平台的设计分为多个不同模块，它主要分为减速器设计模块、平台锁紧机构、齿轮-齿条爬升模块三大主要模块以及自动控制部分。设计系统流程图如图 19-3 所示。

19.2.1　新型多级串行行星齿轮减速器的设计

行星齿轮装置由行星轮、太阳轮和转臂（又称系杆）3 个基本构件组成。常用的行星传动为 2K-H、3K 和 K-H-V3 类。在此基础上以双联行星轮布置或以多排组合设计而产生各式各样的结构形式，形成丰富的机种和机型，包括变速箱、减速箱或增速箱。它以优越的性能和丰富多变的结构形式较好地适应了现代工程上的应用要求，因而在矿山、冶金、石油、化工、起重运输、造船和航空等领域得到越来越广泛的开发和应用。

在自升式海洋钻井平台中，根据其特殊的工作场所和工作状况，选取行星减速机构作为其传动机构，根据行星减速机构原理，自行设计出一种适用于自升式海洋钻井平台的新型多级串行行星减速机构。

1. 设计方案原理图

新型多级串行行星齿轮减速器设计方案原理图如图 19-4 所示，该减速器由二级平行轴

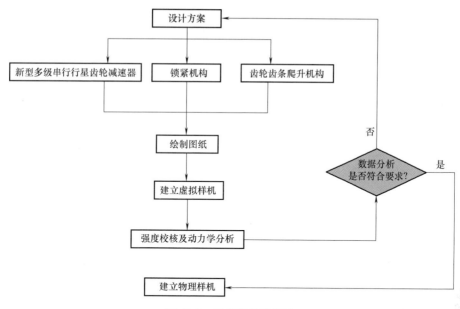

图 19-3 系统设计流程图

轮系和三级行星轮系组成。

2. 设计基本条件及步骤

（1）设计基本条件

1）输入轴最大转速：1164r/min；

2）电动机最大传动转矩：691N·m；

3）设计最短寿命：150h。

（2）设计步骤

1）根据行星轮系设计原则，确定总体设计
步骤。

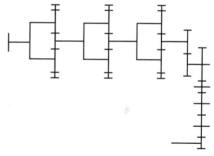

图 19-4 多级串行行星齿轮减速器原理图

2）针对设计要求，完成轮系基本参数设计。

3）根据所学理论，对设计完成的轮系进行基本的强度校核。

3. 多级串行行星齿轮减速器虚拟样机

根据以上原理，按照严密的设计步骤得到完整的多级串行行星齿轮减速器的设计方案及
参数见表 19-1。

表 19-1 设计方案及参数

级　数	名　称	模　数	齿　数	变位系数
第一级	中心轮	4	14	0.58
	行星轮		20	0.6
	内齿圈		55	1.24
第二级	中心轮	3	13	0.55
	行星轮		27	0.61
	内齿圈		68	1.15

（续）

级　数	名　　称	模　数	齿　数	变位系数
第三级	中心轮	1.75	13	0.45
	行星轮		54	0.4
	内齿圈		122	0.69
第四级	小齿轮	1.25	17	0.41
	大齿轮		81	0.27
第五级	齿轮1	1	17	0.3
	齿轮2		61	0.11
	齿轮3		65	-0.07
	齿轮4		64	0.58
	齿轮5		63	-0.07

　　按照设计方案建立多级串行行星齿轮减速器的虚拟样机如图19-5所示，该虚拟样机内部齿轮传动机构如图19-6所示。

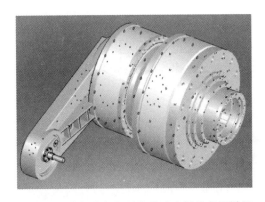

图19-5　多级串行行星齿轮减速器的虚拟样机

图19-6　虚拟样机内部齿轮传动机构

4. 多级串行行星齿轮减速器的优点

　　由于本减速器采用两级平行轴系齿轮传动和三级行星轮系传动结构，使其具有如下优点：

　　1）尺寸结构紧凑、体积小、质量小。

　　2）大传动比、输出较大转矩、承载大。本减速器采用两级平行轴齿轮传动和三级行星齿轮传动，实际传动比可达5400，输入较小的转矩就可以输出较大的转矩。

　　3）传动效率高。行星齿轮传动的传递效率可达90%~95%，三级行星齿轮传动结构使得其具有传动效率高的优势。

　　4）低噪声、低振动。本减速器中各行星齿轮作用在太阳轮上的啮合力相互平衡抵消，使太阳轮轴上的轴承没有受到这种啮合作用的载荷，因而不易产生因轴的挠曲而形成的端面啮合。此外，由于本减速器小型化，齿轮的啮合线速度较小。因此，在降低噪声和振动方面具有独到的优势。

　　5）可以按照具体的传动比要求进行多级行星齿轮传动串联。

5. 所获专利

该"新型多级串行行星齿轮减速器"由国家知识产权局批准获得发明专利，以此为基础设计的"多级串行行星齿轮提升装置"也获得国家发明专利。这表明本小组自行设计研究的新型多级串行行星齿轮减速器具有科学性、先进性、创新性和实用性的特点，以其独特优势获得了国家知识产权局的认可。

19.2.2 锁紧机构

锁紧装置投入使用后，可将升降中的平台载荷平稳转换为锁紧，而锁紧装置退出使用过程中，平台载荷由锁紧转换为升降。目前自升式海洋钻井平台的锁紧机构大都是采用齿轮齿条啮合的原理实现的。

海洋石油931钻井平台的锁紧装置由两套锁紧齿条动作的执行机构（齿条锁块及锁紧拉力油缸）、齿条上下支撑构件（顶部增压液压缸和底部推力液压缸）、液压马达、操纵控制装置组成，当控制液压缸抱紧齿条时即为锁紧。

液压系统的特点：为了确保液压缸的锁紧力，当操纵液压马达旋转时带动螺母驱动装置，控制装置的螺母螺杆机构的动作以保证系统的锁紧力。而增压液压缸也能保证其锁紧力以确保其锁紧，结构如图 19-7 所示。

广州市精准科技贸易有限公司的发明专利——一种自升式钻井平台锁紧装置。它由平台承载体、上蜗轮蜗杆升降机、承力丝杆、承力导向套、上斜块、垂直导向槽、下斜块、水平导向槽、下蜗轮蜗杆升降机、桩脚和升降齿条组成，上蜗轮蜗杆升降机连接承力丝杆，承力丝杆连接上斜块，下斜块齿牙与升降齿条的齿牙啮合，下斜块与水平导向槽滑动配合，上斜块和

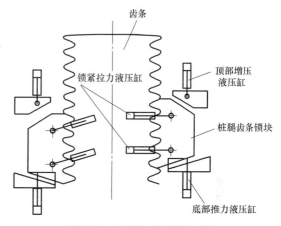

图 19-7　桩腿齿条锁紧示意图

下斜块两斜面紧配合，水平导向槽固定在下蜗轮蜗杆升降机上部，升降齿条固定在桩腿上。该装置具有良好的自锁性能，安全性能好，锁定可靠，传动自如，结构简单，操作方便，锁紧和承载合二为一，又可承载整个平台的重量。

上述锁紧机构均不具备对位调整及自动复位的功能，而本作品设计的锁紧装置铰接的推动气缸和滑块弹簧机构可实现此功能。锁紧时，若卡爪和桩腿齿条未准确对位，固定在卡爪上的滑块可沿导轨上下移动进行对位调整。退出锁紧时，在复位弹簧的作用下，卡爪复位，推动气缸恢复到水平的位置（物理样机所需的推力较小，因此用气动系统代替实际的液压系统）。

1. 锁紧装置总体介绍

所有的自升式海洋钻井平台都必须将环境、重力和运行时的载荷在平台与支腿之间进行转换。有些平台在任何情况下都依赖爬升齿轮来实现这一功能，但是大部分的却是只在起升时依赖齿轮，而其他大部分的时间是依靠锁紧装置来实现这一功能的。锁紧装置的实物图如

图 19-8 所示。

支腿的弯矩可能在平台与支腿的转换间形成水平或者垂直的力偶，而有多少转换是直接由这些机械装置的刚度系数决定的。有锁紧装置的平台往往能够将更多的力矩转换成垂直的力偶，如图 19-9 所示。

没有锁紧装置的平台（图 19-10）则需要非常厚重的支柱来抵抗设计的腿与平台间的负荷。又因为起升装置是唯一的锁紧和维持机构，所以必须仔细维护。更严重的是，如果平台上有任何的负载损失，就会引起其他部件的连锁反应最终变成支腿上的额外负载。虽然更大的支柱能够在变形前承受更高的负载，但是和有锁紧装置的平台相比，没有锁紧装置的平台在抵

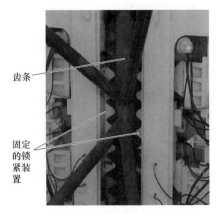

图 19-8　锁紧装置的实物图

抗突发环境负载（风载荷、海浪等）方面要差得多。正因为如此，平衡齿条和支柱显得非常关键，而且它们之间的连接也至关重要。

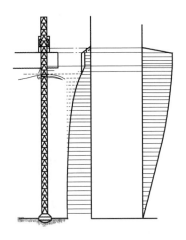

图 19-9　有锁紧装置的平台

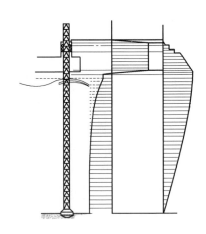

图 19-10　没有锁紧装置的平台

与没有锁紧装置的平台相比，有锁紧装置的平台需要更少的齿轮。更重要的是增加了导轨，所以更多的力矩被转换成垂直力矩，从而减小了支柱的尺寸。支柱尺寸的减小意味着平台质量减小。

2. 气动装置

锁紧装置中，气动系统至关重要，其作用是主要将卡爪推动使它和齿条卡紧。

本锁紧装置采用活塞缸，按其作用分为推动气缸和夹紧气缸。当推动气缸推动卡爪与齿条接触时，为避免对位不准的情况产生，故将两端采取铰接方式连接，如图 19-11 所示，使卡爪与齿条接触时能够准确啮合，从而防止对气动装置产生挤压而导致破坏失效。

夹紧气缸的头部和夹紧楔块连接，在卡爪与齿条严格啮合后，夹紧气缸推动楔块夹紧卡爪，将整个平台的载荷转换到卡爪，以固定平台。夹紧气缸与楔块是将平台与卡爪联系起来的纽带，其运动过程如图 19-12、图 19-13 所示。

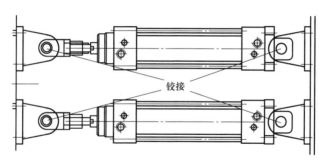

图 19-11　两端铰接的推动气缸

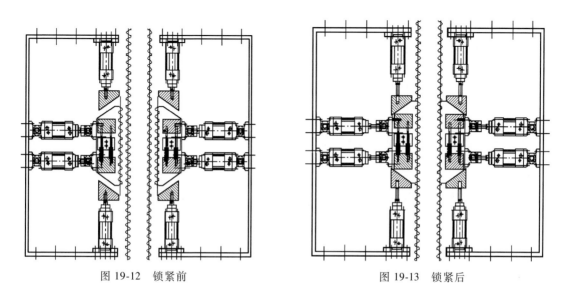

图 19-12　锁紧前　　　　　　　　　　图 19-13　锁紧后

气动系统流程图如图 19-14 所示，其工作过程为：8 个气缸中有 4 个推动气缸和 4 个夹

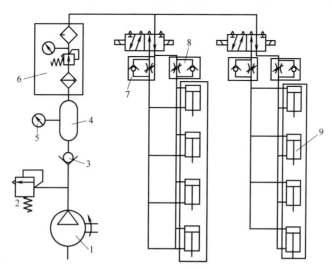

图 19-14　气动系统流程图

1—空气压缩机　2—溢流阀　3—单向阀　4—储气罐　5—电接点压力表
6—气动三联件　7—调速阀　8—电磁换向阀　9—气缸

紧气缸。2 个换向阀分别控制 2 组气缸。推动气缸水平放置，伸出与缩回实现卡爪的锁紧和退出锁紧的动作。夹紧气缸竖直放置，推动楔块的伸缩，夹紧时将平台的重力传递给与卡爪啮合的桩腿上。通过对电磁换向阀的控制，实现顺序动作。夹紧时，推动气缸先伸出，卡爪完全啮合后夹紧气缸再推动楔块夹紧；退出时，夹紧气缸先缩回，推动气缸再缩回。

3. 气动系统的设计计算

设计该锁紧气动系统有八个气缸，其中四个推动气缸、四个夹紧气缸。

（1）活塞杆上输出力和缸径的计算　单活塞双作用气缸是使用最为广泛的一种普通气缸，如图 19-15。

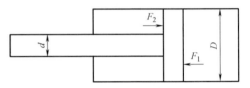

图 19-15　单活塞双作用气缸

因其只在活塞一侧有活塞杆，所以压缩空气作用在活塞两侧的有效面积不等。活塞在左行时活塞杆产生推力 F_1，活塞右行时活塞杆产生拉力 F_2。

$$F_1 = \frac{\pi}{4} D^2 p - F_Z \qquad (19\text{-}1)$$

$$F_2 = \frac{\pi}{4} (D^2 - d^2) p - F_Z \qquad (19\text{-}2)$$

式中，F_1 为活塞杆的推力（N）；F_2 为活塞杆的拉力（N）；D 为活塞直径（m）；d 为活塞杆直径（m）；p 为气缸工作压力（Pa）；F_Z 为气缸工作的总阻力（N）。

气缸工作时的总阻力 F_Z 与众多因素有关，如运动部件惯性力、背压阻力、密封处摩擦力等。以上因素可以载荷率 η 的形式计入公式，若要求气缸的静推力 F_1 和静拉力 F_2，则在计入载荷率后：

$$F_1 = \frac{\pi}{4} D^2 p \eta \qquad (19\text{-}3)$$

$$F_2 = \frac{\pi}{4} (D^2 - d^2) p \eta \qquad (19\text{-}4)$$

计入载荷率就能保证气缸工作时的动态特性。若气缸动态参数要求较高，且工作频率高，其载荷率 η 一般取 0.3~0.5，速度高时取小值，速度低时取大值。若气缸动态参数要求一般，且工作频率低，基本是匀速运动，其载荷率 η 可取 0.7~0.85。因此载荷率 η 0.8，求得气缸直径 D。

当推力做功时：

$$D = \sqrt{\frac{4F_1}{\pi p \eta}} \qquad (19\text{-}5)$$

当拉力做功时：

$$D = \sqrt{\frac{4F_1}{\pi p \eta} + d^2} \qquad (19\text{-}6)$$

用以上公式计算出的气缸内径 D 应圆整为标准值。

对于推动气缸，将 $F_1 = 270\text{N}$，$F_2 = 230\text{N}$，$p = 0.5\text{MPa}$ 代入式（19-5）得

$$D = \sqrt{\frac{4 \times 270}{0.5 \times 10^6 \times 0.8\pi}}\ \text{m} = 30\text{mm}$$

同理，对于夹紧气缸，将 $F_1 = 270\text{N}$、$F_2 = 230\text{N}$、$p = 0.5\text{MPa}$ 代入式（19-5）得

$$D = \sqrt{\frac{4 \times 270}{0.5 \times 10^6 \times 0.8\pi}}\ \text{m} = 30\text{mm}$$

查表可得，可选用 DNC 系列缸径为 32 的气缸，其中活塞杆的直径 $d = 12\text{mm}$、长度 $l = 117\text{mm}$，其中推动气缸行程为 50mm、夹紧气缸行程为 75mm。

（2）活塞杆校核 对于推动气缸，活塞杆的长度 $l = 117\text{mm}$，所以 $l \leq 10d$，可以只按强度条件校核活塞杆直 d，即

$$d \geq \sqrt{\frac{4F_1}{\pi \sigma_\text{p}}} \tag{19-7}$$

式中，F_1 为气缸的推力（N）；σ_p 为活塞杆材料的许用应力（Pa），$\sigma_\text{p} = \dfrac{\sigma_\text{b}}{s}$；$\sigma_\text{b}$ 为材料的抗拉强度（Pa）；s 为安全系数，$s \geq 1.4$。

将 $F_1 = 270\text{N}$、$\sigma_\text{p} = 200\text{MPa}$ 代入式（19-7），得

$$d = 1.3\text{mm} < 12\text{mm}$$

满足强度要求，所以选取的气缸合理。

同理，对于夹紧气缸：

将 $F_1 = 270\text{N}$、$\sigma_\text{p} = 200\text{MPa}$ 代入式（19-7），得

$$d = 1.3\text{mm} < 12\text{mm}$$

满足强度要求，所以选取的气缸合理。

4. 复位装置

卡爪要求与桩腿齿条完全啮合，在气缸推动下，卡爪与桩腿齿条啮合后，其位置会相对啮合前有所偏移，卡爪离开齿条时需设置一个使其恢复初始位置的装置，称其为复位装置。水平滑动导轨固定在一侧的盖板上，使卡爪能沿轨道水平运动。卡爪上固定一个中滑块，如果锁紧时齿条没有完全啮合，卡爪便可以沿竖直导轨上下移动，以实现调整对位的功能。竖直导轨和上下滑块相连，同时对复位弹簧起导向作用。当卡爪退出啮合时，在复位弹簧的作用下，卡爪恢复到啮合前的位置。复位装置结构如图 19-16 所示。

以下为复位弹簧的设计计算：

（1）选直径 d 取弹簧外径 $D = 30\text{mm}$，初选 $C = 9$。

由 $C = D_2/d = (D-d)/d$ 得 $d = 3\text{mm}$。查得选用 C 级碳素弹簧钢丝时，$\sigma_\text{b} = 1570\text{MPa}$。查表得知，$[\tau] = 0.4\sigma_\text{b} = 0.4 \times 1570\text{MPa} = 628\text{MPa}$。又，$K = \dfrac{4C-1}{4C-4} + \dfrac{0.615}{C} = 1.162$，最大载荷 $F_\text{max} = 200\text{N}$，则

$$d \geq 1.6\sqrt{\frac{KF_\text{max}C}{[\tau]}} = 1.6\sqrt{\frac{1.162 \times 200 \times 9}{628}}\ \text{mm} = 2.92\text{mm}$$

所选直径符合强度条件。

故确定 $d = 3\text{mm}$，$D_2 = 27\text{mm}$。

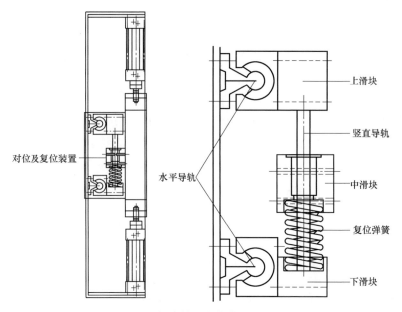

图 19-16　复位装置安装位置及放大图

（2）求有效工作圈数 n　取弹簧最大变形量 $\lambda_{max} = 70\text{mm}$，查表得

$$G = 79000\text{N}/\text{mm}^2$$

计算理论工作圈数得

$$n = \frac{G\lambda_{max}d}{8F_{max}C^3} = \frac{79000\times70\times3}{8\times200\times9^3} = 14.22$$

取 $n = 14.5$ 圈。考虑两端各并紧一圈，则弹簧总圈数

$$n_1 = n+2 = 14.5+2 = 16.5$$

（3）确定变形量 λ_{lim}、λ_{max}　弹簧的极限载荷为

$$F_{lim} = \frac{F_{max}}{0.8} = \frac{200}{0.8}\text{N} = 250\text{N}$$

因为工作圈由 16.59 改取 16，故弹簧的变形量也相应有所变化。将 F_{lim} 和 λ_{lim} 分别代替 F 和 λ 得

$$\lambda_{lim} = \frac{8nF_{lim}C^3}{Gd} = \frac{8\times14.5\times250\times9^3}{79000\times3}\text{mm} = 89.2\text{mm}$$

$$\lambda_{max} = \frac{8nF_{max}C^3}{Gd} = \frac{8\times14.5\times200\times9^3}{79000\times3}\text{mm} = 71.36\text{mm}$$

（4）求弹簧节距 p、自由高度 H_0、螺旋升角 γ 和弹簧展开长度 L　在 F_{max} 作用下，相邻两圈的间距 $\delta \geqslant 0.1d = 0.3\text{mm}$，取 $\delta = 0.5\text{mm}$，则无载荷作用下弹簧的节距为

$$p = d+\frac{\lambda_{max}}{n}+\delta = 4\text{mm}+\frac{71.36}{14.5}\text{mm}+0.5\text{mm} = 9.42\text{mm}$$

p 基本符合在 $\left(\frac{1}{2} \sim \frac{1}{3}\right)D_2$ 的规定范围内。

端面并紧磨平的弹簧自由高度为

$$H_0 = np + 1.5d = 14.5 \times 9.42mm + 1.5 \times 3mm = 141.09mm$$

取标准值 $H_0 = 140mm$。

无载荷作用下弹簧的螺旋升角为

$$\gamma = \arctan \frac{p}{\pi D_2} = \arctan \frac{9.42}{3.14 \times 27} = 6.3°$$

满足 $\gamma = 5° \sim 9°$ 的范围。

弹簧的展开长度

$$L = \frac{\pi D_2 n_1}{\cos\gamma} = \frac{3.14 \times 27 \times 16.5}{\cos 6.3°}mm = 1407.4mm$$

（5）运动特性分析　在动力学仿真软件 ADAMS 中构建出锁紧装置模型（图 19-17），进行运动分析。

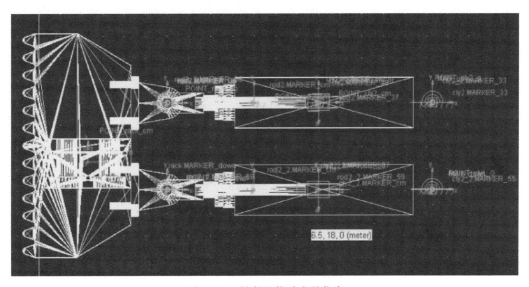

图 19-17　锁紧机构动力学仿真

根据初始条件仿真，步长 200，仿真时间 4.4s，其中单程运行时间 2.2s。根据分析得出以下结果，如图 19-18~图 19-24 所示。

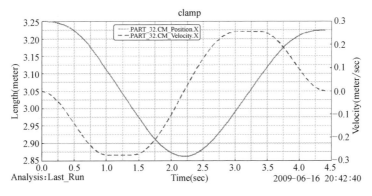

图 19-18　单个气缸水平位移速度图

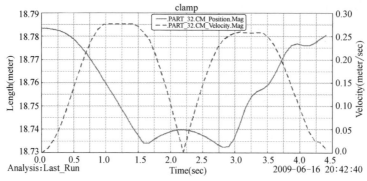

图 19-19　单个气缸合成位移速度图

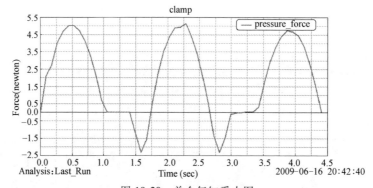

图 19-20　单个气缸受力图

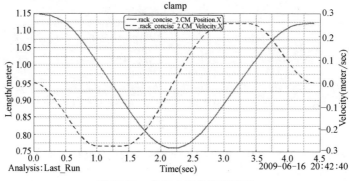

图 19-21　卡爪水平位移速度图

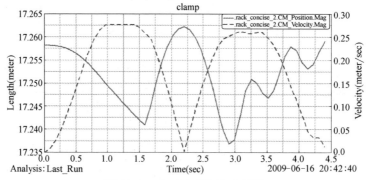

图 19-22　卡爪合成位移速度图

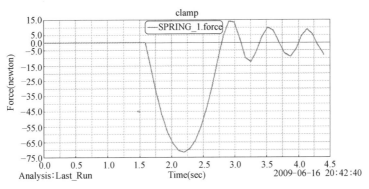

图 19-23 复位弹簧力变化曲线

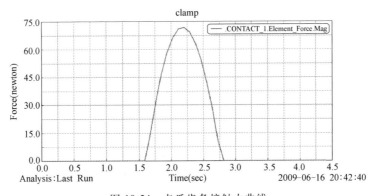

图 19-24 卡爪齿条接触力曲线

经动力学仿真软件 ADAMS 分析计算证明，锁紧装置设计方案能够有效实现设计要求，达到装置运行目的。

19.2.3 齿轮-齿条爬升机构的设计计算

齿轮-齿条爬升机构相对于传统的液压系统爬升机构，具有运行稳定、爬升速度快、精度高、安全性好等显著优点，所以在新型的自升式海洋钻井平台设计中应考虑推广。

出于实际条件及总体成本的考虑，本系统所采用的齿轮-齿条爬升机构采取外购的方式，外购时选择长度为 2m 的整体齿条，其结构如图 19-25 所示。

1. 选择齿轮的材料及热处理方式

爬升齿轮材料选用 20CrMnMo，渗碳淬火，齿面硬度 56～62HRC，选取 $\sigma_{Hlim}=1500MPa$，$\sigma_{Flim}=500MPa$。

2. 计算应力循环次数

$$N_1 = 60 \times 1 \times 0.26 \times (8 \times 150) = 1.87 \times 10^4$$

查表得 $Z_{N1}=Z_{N2}=1.6$；$Y_{N1}=Y_{N2}=2.5$。

3. 计算许用应力

取 $S_{Hmin}=1.3$，$S_{Fmin}=1.6$。得

$$\sigma_{HP1} = \frac{\sigma_{Hlim1}}{S_{Hmin}} Z_{N1} = \frac{1500}{1.3} \times 1.6 MPa = 1846.15 MPa$$

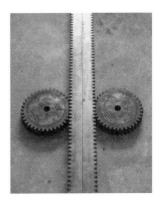

图 19-25 齿轮-齿条结构图

$$\sigma_{FP1} = \frac{\sigma_{Flim1}}{S_{Fmin}} Y_{ST1} Y_{N1} = \frac{500}{1.6} \times 2 \times 2.5 \text{MPa} = 1562.5 \text{MPa}$$

4. 按爬升齿轮弯曲疲劳强度设计

（1）计算工作转矩　爬升齿轮受力：$F = 10000 \text{N}$，假设爬升齿轮的分度圆直径 $d = 0.20 \text{m}$，选择爬升齿轮模数 $m = 5$，则齿数

$$z = \frac{d}{m} = \frac{200}{5} = 40$$

将齿数取为 40。

则爬升齿轮的分度圆直径

$$d = zm = 40 \times 5 \text{mm} = 200 \text{mm}$$

爬升齿轮转矩

$$T = F\frac{d}{2} = 10000 \times \frac{0.2}{2} \text{N} \cdot \text{m} = 1000 \text{N} \cdot \text{m}$$

（2）初选系数　选择直齿轮，齿数精度 8 级，因电动机驱动，工作载荷平稳，查得 $K_A = 1.6$，取 $K_V = 1$；选取 $\Psi_d = 0.3$；查表得 $K_\beta = 1.18$；查表得 $K_\alpha = 1.2$，则

$$K = K_A K_V K_\beta K_\alpha = 2.2656$$

查表得 $Z_H = 2.5$，$Z_E = 189.8 \sqrt{\text{MPa}}$，取 $Z_\varepsilon = 0.9$。

5. 校核爬升齿轮弯曲疲劳强度、计算齿轮直径和主要尺寸

从齿轮与齿条的损坏形式看，主要是轮齿折断，受弯曲强度影响，因此在齿轮齿条强度计算中，只计算弯曲强度，接触强度忽略不计。

变位系数 $x = 0$。查表得：$Y_{Fa} = 2.5$，$Y_{Sa} = 1.65$。

由重合度系数 Y_ε 公式为

$$Y_\varepsilon = 0.25 + \frac{0.75}{\varepsilon_\alpha} = 0.25 + \frac{0.75}{1.786} = 0.67$$

校核齿轮的弯曲疲劳强度

$$\sigma_F = \frac{2KT}{bdm} Y_{Fa} Y_{Sa} Y_\varepsilon = \frac{2 \times 2.2656 \times 1000000}{200 \times 60 \times 5} \times 2.5 \times 1.65 \times 0.67 \text{MPa}$$

$$= 208.72 \text{MPa} < \sigma_{FP} = 1562.5 \text{MPa}$$

满足弯曲疲劳强度。

所以，爬升齿轮的相关参数为

分度圆直径：$d_1 = mz_1 = 5 \times 40 \text{mm} = 200 \text{mm}$

齿顶圆直径：$d_{a1} = d_1 + 2(h_a^* + x)m = 200 \text{mm} + 2 \times 1 \times 5 \text{mm} = 210 \text{mm}$

齿根圆直径：$d_{f1} = d_1 - 2(h_a^* + c^* - x)m = 200 \text{mm} - 2 \times (1 + 0.25) \times 5 \text{mm} = 187.5 \text{mm}$

从而齿条的参数为

齿顶高：$h_{a2} = (h_a^* + x)m = (1 + 0) \times 5 \text{mm} = 5 \text{mm}$

齿根高：$h_{f2} = (h_a^* + c^*)m = (1 + 0.25) \times 5 \text{mm} = 6.25 \text{mm}$

齿距：$p = \pi m = 3.14 \times 5 \text{mm} = 15.7 \text{mm}$

齿宽：$b = \varphi_d d = 0.3 \times 200 \text{mm} = 60 \text{mm}$

19.2.4 自动化控制

作为自升式海洋钻井平台的爬升机构，不但要求机构能够调节自身的运行速度来满足不同的使用要求，而且要求各个桩腿上的电动机同步运行，从而保证平台平稳升降。

根据机械部分的设计计算，首先选择与系统要求功率相匹配的电动机作为系统动力来源：

假定平台的爬升速度为 $v = 150\text{mm/min}$，则电动机的额定转速

$$n = \frac{vi}{\pi d} = \frac{150 \times 5400}{3.14 \times 200}\text{r/min} = 1290\text{r/min}$$

结合现有条件需要，选择型号为 YEJ2-71M2-4 的自带制动器电动机，其额定转速为 1330r/min，额定功率为 370W。

则平台的爬升速度为

$$v = \frac{\pi \times d \times n}{i} = \frac{3.14 \times 200 \times 1330}{5400}\text{mm/min} = 154.7\text{mm/min}$$

与此同时，由于系统传动比为 5400，考虑电动机的运行安全，故采用低速起动与低速停止方式（即软起动、软停止）对电动机进行保护。为了达到有效控制电动机转速的目的，作品中采用了变频器控制电动机的方案。该设备具有下述特点：

1）运用电动机专用控制芯片，采用先进的优化磁通矢量控制算法，运转特性更良好。

2）标准 LED 键盘，多路监视参数可灵活设定。

3）3 路模拟信号（$0 \sim +10\text{V}$、$-10\text{V} \sim +10\text{V}$、$0 \sim 20\text{mA}$）输入通道，2 路电压、电流可选的模拟信号输出通道。

4）外部端子可选 15 段速、可编程多段速与摆频运行。

5）标准配置的增强 PID 调节器，独立的闭环调节参数，方便用户对温度、压力和流量等进行可靠的闭环控制。

6）15kW（包括 15kW）以下标准内置制动单元（根据需要，18.5kW 以上也可内置），能耗制动起始电压和制动动作比率可根据需要灵活调节。

7）标准 RS485 接口可选，轻松实现 PLC、工控机等其他工控设备与变频器的连接，也可实现多台变频器连动运行。

8）输入缺相、输出缺相、过流、过载、过压、输出短路等近 20 多种保护功能，可实现对变频器和电动机快速、有效的保护。

电动机的运行速度通过变频器的使用得到了更为精确地控制，系统其他部分例如锁紧机构中的气压元件同样需要自动化控制，此时，设计时将系统的终端控制任务交给 PLC（Programmable Logic Controller，即可编程序控制器），本作品拟采用三菱 FX2N 系列 PLC 控制器进行控制。

三菱 FX2N 系列可编程控制器是小型化、高速度、高性能的产品，是 FX 系列中最高档次的超小型程序装置。通过对控制系统的逻辑参数进行设计，PLC 控制系统具体功能如下：

1）控制电动机软起动、软停止。

2）电动机同步运转。

3）紧急情况自动抱死。

4）气动系统逻辑动作。

5）气动系统同步运行。

19.3 技术关键

1）多学科集成的机械系统设计技术。设计过程涉及机械原理、机械设计、金属工艺学、工程力学、机械制造和计算机技术多门学科，多学科集成的设计技术具有显著的工程实际意义。

2）基于模块化的设计理念。作品基于模块化的设计理念，以划分不同功能模块的方式进行作品设计，可根据具体要求进行功能模块组合，满足不同使用场合的要求。

3）虚拟样机技术。设计内容均在计算机平台上实现，虚拟样机具有沉浸感，可进行可视化分析的特点，充分节约了设计资源，提高了设计效率。

4）电气控制技术。运用电气控制使物理样机实现机电一体化，实现了资源的优化配置，使运行效率得到很大提高。

19.4 作品创新点

19.4.1 自行设计新型多级串行行星减速器

目前，在自升式海洋钻井平台爬升机构中使用的行星减速器大都采用直线形结构，若和原动机相连，则沿轴线方向需要较大的安装空间，且若要上下并排安装多台减速器时，与之相连的原动机布置、安装变得极为困难。

为了解决行星减速器和原动机相连在安装位置空间带来的局限性，本作品采用的减速器的创新点在于提供一种传动比大、外形安装尺寸小的模块化L型混合式减速器。

该减速器创新点主要有：

（1）自行设计的多级串行行星齿轮减速器 作品使用有自主知识产权的新型多级串行行星齿轮减速器，该减速器采用三级行星轮系及两级平行轴轮系传动，与现有的海洋钻井平台中使用的行星减速器相比，可获得更大传动比并有效地提高了传动效率。

与传统海洋钻井平台液压升降系统相比，本减速器具有尺寸结构紧凑、质量小、定位精确以及能够输出较大转矩等优点。

（2）L型减速器外形 模块化布置的三级行星齿轮系相串联保证在尽可能小的径向尺寸下能够获得5400的传动比，具有传动比大的特点。模块化布置的二级定轴齿轮传动，其作用除了获得一定的传动比以外，主要作用是与行星轮系组成一个L形的外形，以保证原动机的合理布置；即采用定轴轮系和行星轮系组合（构成L型），从而改变整个轮系组成的减速器的输入轴线和输出轴线间的位置，输入轴、输出轴线间具有一定的距离，又保持相互平行；可以有效解决多台行星减速器平行并排安装时，给原动机的布置、安装带来的不便，充分利用了径向和轴向空间；在保证传动比大的情况下，具有结构紧凑、外形安装尺寸小、质量小的特点，可用于设备安装空间不是很大的起重运输等行业的传动系统。

19.4.2 自行设计具有自动调节及自动复位功能的锁紧装置

锁紧装置具有以下两个创新点：

1）卡爪齿条锁紧装置具有结构简洁、锁紧更加稳固、平台锁紧操作方便、锁紧反应速度快的特点。

2）锁紧装置的弹簧复位装置在锁紧时可保持卡爪的准确对位，退出时通过弹性结构复位，使得桩腿的齿间受力更加均匀，并能减小卡爪与齿条间的磨损，保证卡爪与桩腿齿条的寿命。

19.5 作品先进性

自升式海洋钻井平台由平台、桩腿和升降机构组成，平台能沿桩腿升降。其中按动力源形式，升降装置一般可分为电动升降装置和液压升降装置。电动升降装置也称齿轮齿条式升降装置，利用电动升降采用电动机作为原动力，利用减速器将转动力矩传动到爬升齿轮上，由多个啮合于支腿齿条上的爬升齿轮的同时动作来实现平台的升降。液压升降平台则采用电动机-液压泵-液压马达的传动方式。升降时，液压系统可以缓冲各马达负载的不均衡，支腿升降与制动之间也可以由液压系统来完成，但是液压系统升降平台存在一些不可避免的缺点，与新型的齿轮-齿条式爬升系统平台相比处于劣势，主要可分为以下几点：

1）需要独立的液压泵站和铺设大量的液压管路，占据空间大，且容易产生油液泄漏，污染工作环境。

2）体积相对庞大、臃肿，与齿轮-齿条结构的电动系统升降平台相比，其移动性较差。

3）油液在压力作用下体积发生变化，或因为油液泄漏等原因导致系统控制精度低。

该作品具有科学性和先进性，具体体现在以下几个方面：

1）自行设计的多级串行行星齿轮减速器，具有结构紧凑、质量小、大传动比以及输出扭矩大等优点。

2）自行设计的锁紧装置具有自动调整及自动复位功能，提高系统安全性及可靠性。

3）作品采用了基于模块化的设计理念，以划分不同功能模块的方式进行作品设计，从而使得本作品能够根据需要进行多种功能模块组合，为产品在其他不同领域的进一步开发奠定了良好的基础。

4）本作品设计采用虚拟样机技术，为新产品的开发带来了全新的设计、验证和演示手段，且在缩短开发周期、节约开发成本等方面起到不可替代的重要作用。

该作品是具有包括自主知识产权的新型混合式、高效、大功率减速传动机构与锁紧机构以及成套装置，是国产第一套自主创新的现代自升式海洋钻井平台高性能传动齿轮-齿条爬升与锁紧系统。

第20章

全国大学生机械创新设计大赛全国一等奖案例：一种适用于多种类多规格食品的瓦楞纸箱包装机

20.1　引言

近几年来，随着我国经济的快速发展，城镇化进一步推进和人民生活水平的逐步提高，包装工业得以超速发展，包装机械领域迎来了良好的发展机遇。

先进的包装机械设备是包装工业发展的亮点。我国包装机械设备制造水平不高已成为严重制约包装工业发展的瓶颈。目前国内需求量在 60%~70%，尤其是技术含量高的成套设备，如成套瓦楞纸板生产设备、塑料包装生产线、轻量玻璃生产线以及包装印刷的成套设备均依赖进口；我国包装机械目前总体生产状况是结构简单、技术含量低的产品较多。针对这些现状，社会生产中对于更加实用有效的包装流水线的需求迫在眉睫。

同时，瓦楞纸板、纸箱在包装行业占有重要地位，全国纸箱（盒）包装厂近万家，十几年来国内流通领域对瓦楞纸板、纸箱（盒）、印刷成套设备的需求量长盛不衰，供不应求。除已往大量生活日用品采用纸箱包装外，如今摩托车、自行车也大量采用纸箱包装，特别是日常生活中不可或缺的食品也大量采用纸箱包装。

与此同时，网购也推动了包装机械的发展。截至 2015 年 12 月，我国网络购物用户规模达到 3.61 亿，比 2013 年底增加 5953 万人，增长率为 19.7%；我国网民使用网络购物的比例从 48.9% 提升至 55.7%。纵观 2014 年我国网络购物市场，主要呈现普及化、全球化、移动化的发展趋势。具体而言，网购群体主流年龄跨度增大，向全民扩散。CNNIC 数据显示，2015 年最主流网购用户（20~29 岁网购人群）规模同比增长 23.7%，10~20 岁网购人群用户规模同比增长 10.4%，50 岁及以上网购人群用户规模同比增长 33.2%。网购已成为购物的主流方式之一。

20.2　国内外研究概况

20.2.1　国外研究现状

美国是世界上包装机械发展历史较长的国家，早已形成独立完整的包装机械体系，其品种和产量均居世界之首。其产品以高、大、精、尖产品居多，机械与计算机紧密结合，实现机电一体化控制。新型机械产品中以成形、填充、封口三种机械的增长最快，裹包机和薄膜包装机占整个市场份额的15%，纸盒封盒包装机在市场占有率中居第二位。

德国的包装机械在计量、制造、技术性能等方面均名列前茅，特别是啤酒、饮料灌装设备具有高速、成套、自动化程度高、可靠性好等特点。一些大公司生产的包装机械集机、电、仪表及微机控制于一体，采用光电感应，以光标控制，并配有防静电装置。其大型自动包装机不仅包装容积大，而且能使制袋、称重、充填、抽真空、封口等工序在一台单机上完成。德国包装机械业多年来始终处于稳定增长状态，出口比例占80%左右，是世界上最大的包装机械出口国。

意大利是仅次于德国的第二大包装机械出口国。意大利的包装机械多用于食品工业，具有性能优良、外观考究、价格便宜的特点，出口比例占80%左右，美国是其最大的出口市场。20世纪90年代以来，意大利对中国的包装机械出口额迅速增长，1995年在意大利的出口排名榜上，中国已跃为第2位。

20.2.2　国内研究现状

我国食品包装机机械起步于20世纪70年代末，产品品种仅有100多种，近5年来食品和包装机械行业以每年11%～12%的平均速度增长，高于同期的国民经济增长速度，年产值也在同比例增长，产品品种由最初的100多种发展到至今的3700多种。同时，包装机械行业也积极推进包装机械原始创新、集成创新和引进消化吸收再创新能力，推进具有自主知识产权的产品开发。

但目前，我国包装机械存在不少问题。一是缺乏宏观调控；二是缺乏资金投入；三是缺乏专业技术人员。以上这些已经制约了行业的发展。调查显示，我国包装机械目前存在的主要问题不是制造问题，而是设计问题，约有80%的问题出在设计环节，包装机械行业主要采用参照设计，自主设计寥寥无几，这种设计方式难以提升设计水平，包装机械行业科研设计程序执行也不到位，重成果水平的多，重市场效应的少，导致一些国际水平的科研设计成果或国家重奖成果市场不认可，推广不出去。因此，需要重新理顺科研设计程序，制定新一轮的科研设计准则，推进自主设计能力，努力提升科研设计水平。而综合国内包装市场信息，可以发现目前市场需求旺盛的主要包装产品有：瓦楞纸板、制箱（盒）、印刷成套设备。随着经济的进一步发展，纸箱包装企业更新改造速度加快，迫切需要一种能够解放劳动力，通过自动机械设备完成包装全过程。

与此同时，网络和网店的发展推动了零食业的线上销售，网店商家为解决分拣货物阶段集中出现的问题，需聘用专业分拣人员或租用专业中转仓库以储存和打包货物。因此急需解决商家对于分拣货物过程的需求，图20-1所示为货物分拣阶段。

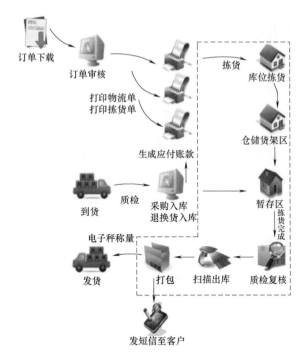

图 20-1　货物分拣阶段

20.3　设计目标与详细设计

20.3.1　拼装式多种瓦楞纸箱备送仓库

1. 设计目标与实现方案描述

（1）设计目标　为满足包装机多箱型包装的需求，现使每种型号的瓦楞纸箱均拥有独立的模块，空间上将各个模块进行合理的拼装，同时便于下一机构吸取纸箱。

（2）实现方案描述　使用 30mm×30mm 铝型材，以最大箱型的框架作为基本模块，借助模块连接件 2 拼装不同箱体框架，在基本模块左右两侧固定挡板 6 进行卡位，使每个纸箱的折痕位于同一竖直直线，每个模块大约盛放 15 个纸箱。

每个模块中固定两张与水平面呈 20°的不锈钢板，每张钢板上都固定一条滑轨，用于引导推板，并将箱子置于滑轨上方。当最前方纸箱被吸附走后，后面的纸箱向前补位，这一动作依托重物带动的推板来完成。两个推板均固定于滑块，并通过定滑轮 4 上的一根钢丝绳相连，钢丝绳末端坠有重物 7 作为动力源，如图 20-2 所示。

为防止最前端纸箱掉落，分别在其上端和下端固定了弹簧挡片 5，弹簧松紧可调节。

2. 详细设计与制作描述

根据网络调查，并能够达到演示效果，初步选定邮政 4 号纸箱（350mm×190mm×230mm）和 5 号纸箱（290mm×170mm×190mm）作为实验箱型。

（1）计算模块框架　以 4 号纸箱的尺寸搭建基本模块，由于纸箱折叠放置，故：长为

350mm＋190mm＝540mm；宽为 17mm（折叠纸箱厚度）×15＋50mm（推板折弯长度）＝305mm；高为 230mm＋190mm＋175mm（上下安装滑轮空间）＝595mm，最终基础模块尺寸为 540mm×305mm×595mm。同理可得 5 号模块尺寸为 540mm×305mm×565mm。

（2）选取导轨　以 4 号纸箱宽度 305mm 及导轨倾斜角度 20°计算导轨长度，长为 305mm÷cos20°＝324.57mm，故取导轨长度 330mm。每个 4 号纸箱质量为 0.307kg，15 个总共 4.605kg，由于质量小，可以忽略对导轨挤压而造成的变形，综合考虑选取 HIWIN-MGN15C 导轨，如图 20-3 所示，参考数据见表 20-1。

3. 选取重物重量

每个 4 号纸箱为 0.307kg，则 15 个纸箱质量为：0.307kg×15＝4.605kg，取 $g＝9.8$N/kg，则 $G＝4.605$kg×9.8N/kg＝45.129N，45.129N×sin20°＝15.435N

弹簧挡片

$F_t \geqslant 15.435$N＋F，经测试选 $F \leqslant 20$N，故选 2kg 重物。

图 20-2　拼装式瓦楞纸箱备送仓库
1—5 号瓦楞纸箱　2—模块连接件　3—4 号瓦楞纸箱
4—定滑轮　5—弹簧挡片　6—固定挡板　7—重物

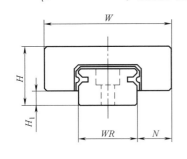
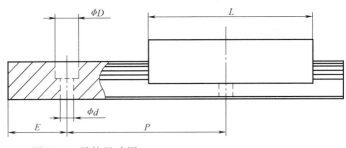

图 20-3　导轨尺寸图

表 20-1　导轨参数表　　　　　　　　　　（单位：mm）

W	H	H_1	WR	N	D	d	E	P	L
32	16	4	15	8.5	6	4.5	15	40	42.1

20.3.2　吸附式取箱中心

1. 设计目标与实现方案描述

（1）设计目标　用吸盘将纸箱从拼装式多种瓦楞纸箱备送仓库取出，吸盘沿 X、Z 轴动作（方向基准为操作人员面对触摸屏方向），并可实现纸箱沿 Y 轴直线动作，同时完成纸箱下面两侧盖的折弯。

（2）实现方案描述　使用 30mm×30mm 铝型材，搭建基本框架，应用弹簧挡片 5 实现 X 轴运动，并以此为基础，在其上组建固定挡板 6、重物 7，应用定滑轮 4 实现 Y 轴运动，并且使用两台气缸完成折弯下箱盖动作。程序根据纸箱选择的不同来控制固定挡板 6 沿 Z 轴运动距离，确认后弹簧挡片 5 作用使固定挡板 6 拉近与纸箱的距离并实现吸附，归位后下箱盖被两台气缸折弯，最后推板依托定滑轮 4 将纸箱推入下一机构，如图 20-4 所示。

2. 详细设计与制作描述

（1）选取无杆气缸　由于无杆气缸上需建立 Z 轴丝杠运动机构，最大质量为 10kg，故缸径为 20mm；无杆气缸需要完成带动吸盘组吸取纸箱动作，经计算行程满足 450mm 即可；无杆气缸要被检测信号，故需带磁环；经考虑，选择 RMT20×450S。

（2）选取丝杠　根据吸盘组沿 Z 轴方向的行程以及纸箱备送仓库中的两种纸箱中心距，确定丝杠长度为 850mm；根据丝杠带动的上升模块质量以及常用丝杠直径标准得到应选用直径为 16mm 的纵向丝杠。

20.3.3　可调节底部封箱平台

1. 设计目标与实现方案描述

（1）设计目标　为达成密封箱体下底面的目标，首先要求送箱机构能实现 X 轴与 Y 轴的位移，并且位移距离可精确控制，以便适应不同箱型。其次送箱机构应给纸箱一定作用力以保证纸箱流畅、稳定地行进，并且在到达封胶机前合上下箱盖。最后要在纸箱行进过程中完成下箱盖封胶，如图 20-5 所示。

图 20-4　吸附式取箱中心

1—信号灯　2—触摸屏　3—箱体挡板　4—直线
模组　5—无杆气缸　6—吸盘组　7—纵向丝杠

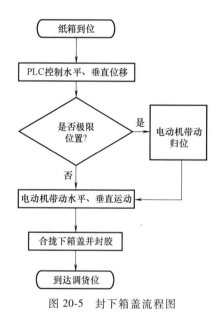

图 20-5　封下箱盖流程图

（2）实现方案描述　取箱中心将纸箱送到指定位置后，PLC 控制步进电动机带动 X 轴（水平）与 Y 轴（垂直）滚珠丝杠旋转，使亚克力板与带达到指定位置后停止，此时纸箱 Z

轴限位，*X* 轴方向被带夹紧，接着减速电动机转动，带动带，使纸箱水平前进，通过两侧圆柱导杆引导完成下箱盖合拢，经过封胶机，完成封胶，三维图如图 20-6 所示。

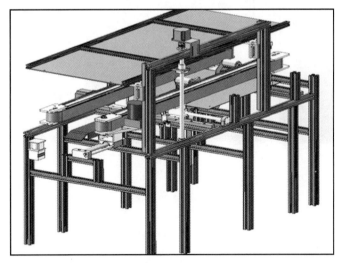

图 20-6 取箱中心三维图

2. 详细设计与制作描述

（1）调整传送机构 通过调整传送机构（图 20-7）适应不同箱型，*Z* 轴（垂直）使用步进电动机带动滚珠丝杠旋转来调节上压板的位置，限制纸箱在 *Z* 轴（垂直）的位移，保证纸箱在前进过程中 *Z* 轴（垂直）的稳定（图 20-7a）；*X* 轴（水平）用一台步进电动机带动滚珠丝杠旋转来同时调节两个传送带固定铝型材的位置（图 20-7b）；用两个 41K25GN-C 减速电动机分别带动两侧带转动（图 20-7c）。

（2）封盖限位机构 纸箱在行进中，经过导杆（图 20-8a）引导实现下箱盖的合拢，最后经过固定好的封胶机芯（图 20-8b），完成对下箱盖的封胶，到达限位停止等待调货（图 20-8c）。该部分整机实物如图 20-9 所示。

a)　　　　　　　　　　　b)　　　　　　　　　　　c)

图 20-7 调整传送机构

a）*Z* 轴调整机构 b）*X* 轴调整机构 c）摩擦带传送机构

a)   b)   c)

图 20-8　封盖限位机构

a）两侧滑杆　b）封胶机芯　c）纸箱限位

图 20-9　封下箱盖整机实物

20.3.4　多规格储货平台

1. 设计目标与实现方案描述

（1）设计目标　本平台立足于现有调货装置所能容纳货物过于单一的现状，以实现容纳多规格、多材质货物为目标，借助伸缩气缸实现控制下掉货物种类及数量的功能，最终实现掉落货物至空瓦楞纸箱的目标。

（2）实现方案描述　设备正常运行过程中，对应空箱体到达储货平台调货开口处，阻挡对射开关信号，储货平台收到信号变化后，根据前端需要调货的种类和数量，通过不同料道对应气缸的起降准确完成货物的掉落，货物从料道掉落后到达传送带，通过持续转动的传送带将货物最终送至储货平台下方的空箱体，完成整个装货动作，储货平台调货状态如图20-10所示。

2. 详细设计与制作描述

（1）货仓　储货平台整体采用铝型材框架，以亚克力板作为货物轨道边框及底部承重板，用来隔断不同种类的货物，并防止货物掉落，如图 20-11 所示。同时长 755mm、宽 496mm 的整体底部承重板角度可调，借助两侧 L 形不锈钢板可在相对于水平面 0°～45°调整，使得放置货物处于倾斜状态，以利于货物的下落。货仓分为两层，共 6 个料道，其中每层分配 3 个料道，每条料道两侧挡板均可在长 440mm 的长条孔中移动。

图 20-10　储货平台调货状态

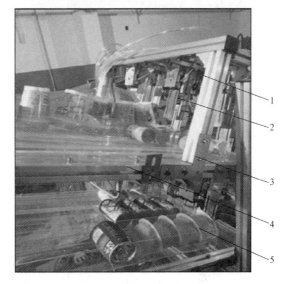

图 20-11　货仓
1—TN 气缸　2—气缸挡板　3—L 形
板材　4—支撑底板　5—料道

（2）调货机构　货物的下落通过一对气缸来控制，设计货仓第一层存货极限高度为 270mm，第二层存货极限高度为 240mm，因此采用 TN10×50 型号气缸。静止状态下会有存货在两气缸挡板之间，需要调货时，前方气缸会首先上升，带动挡板上升，使存放于两气缸挡板（图 20-12a）之间的货物掉落至下方传送带，之后前方气缸下落，后方气缸上升，使新的货物重新填入两气缸挡板之间的空隙，最后后方气缸下落，等待下一个调货指令；料道下方传送带（图 20-12b）由直径为 60mm 的两带轮带动，传送带采用周长为 1028mm、厚度为 2mm 的普通平带，同时为防止货物在掉落过程中掉至非指定位置，使用亚克力折弯件固定在传送带所在铝型材上方，以引导货物的掉落，如图 20-12 所示。

20.3.5　可调节顶部封箱平台

1. 设计目标与实现方案描述

瓦楞纸箱在底部密封完毕，装载货物后进入顶部封箱机构，封上箱盖流程如图 20-13 所示。顶部 4 个折页位于竖直的状态，两侧传送带带动瓦楞纸箱继续前进，通过 L 形板材将折页 C 向内翻折至平齐状态，同时通过 TN 气缸带动支撑底板 4 对瓦楞纸箱的后折页即折页 A 进行撞击，折页 A 向内被翻折至水平，打杆落下后，L 形板材 3 和支撑底板 4 的共同作用保持折页 A、折页 C 处于向内翻折的状态，箱子在传送带的带动下继续前行，气缸挡板 2 对折页 B、折页 D 进行挤压，将折页 B、折页 D 向内翻折，此时 4 个折页全部翻折完毕，之后箱体经过封胶机，实现顶部箱体的封装，封箱平台如图 20-14 所示。

2. 详细设计与制作描述

初选箱型的长宽高分别为 350mm×190mm×230mm 和 290mm×170mm×190mm；瓦楞纸箱

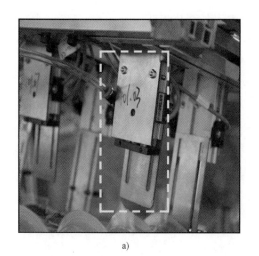 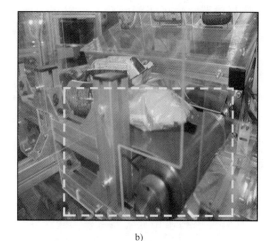

a)   b)

图 20-12 调货机构

a）气缸挡板 b）货物传送带

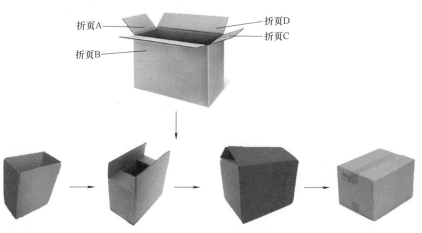

图 20-13 封上箱盖流程

在封好底部并装载货物后，进入封上箱盖部分，瓦楞纸箱借两侧传送带挤压，在摩擦力作用下前进，打后盖时，要打到折页 A 的上下边缘之间，当打杆停在空中没有向下打击箱子折页时，要求打杆底端高度 h 大于箱子高，即

$$h > 230\text{mm} + 95\text{mm} = 325\text{mm}$$

考虑底部在封好之后还会有一定的底部翘起，根据具体箱型，翘起高度大约有 5mm，则

$$h \geqslant 325\text{mm} + 5\text{mm} = 330\text{mm}$$

后端打杆将箱子折页压弯后应保持水平状态，运动过程如图 20-15 所示。

由 $AB_2C \rightarrow AB_1C_1 \rightarrow ABC$，$C_1$ 处为平杆前端与箱子折页接触处，C_2 高度为 h，C 为平杆位于水平位置时的状态，经计算取 $AB = 460\text{mm}$、$BC = 230\text{mm}$，此时即可达到此动作。同时前后折页 A、C 在被折弯时需保持折弯的状态，在纸箱前进过程中有挡板遮挡前后折页 A、C，因此通过固定挡板及两侧光杆的作用，折页 A、B 在弯折之前一直保持压弯状态，固定

挡板及两侧光杆之间的距离 l 应该小于前后折页的页宽，即

$$l < \min\left\{\frac{190}{2}, \frac{170}{2}\right\}$$

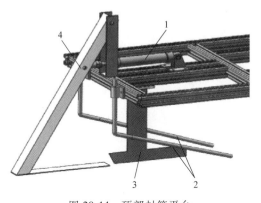

图 20-14　顶部封箱平台

1—迷你气缸　2—两侧滑杆　3—前端挡片　4—旋转杆

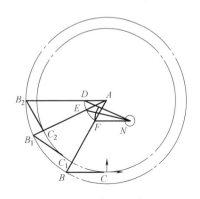

图 20-15　打杆运动图

以防止前后折页 A、C 在前进过程中由于自身惯性翘起。当两个侧折页 B、D 在行进过程中，受到两个侧杆的力作用而弯折，同时继续压住前后折页 A、C。

固定档杆安装时设置在瓦楞纸箱两个侧页的正中间位置；针对大小不同的箱型，通过滚珠丝杠整体提升或降低高度来实现封上箱动作；纸箱 4 个折页均被压弯后，进入封胶带的操作，封完胶带后即完成封上箱操作，即完成了整体的封箱工作。

20.4　创新特色

1）开箱机构。可实现多种规格瓦楞纸箱的展开，同一台设备上即可自动完成不同规格瓦楞纸箱的开箱工作，适应性更强，工作效率更高。

2）自动取货机构。满足多种形状及尺寸商品对于空间的需求，普适性更强，自动准确地取出商品的种类、数量，尤其满足零食类网店商家"小而杂"的发货特点。

3）功能集中。采用小型流水线设计，将接单、选箱、取货、封装等功能集中于一台设备，节约空间，设备传动机构尺寸自动调整，节省人力。

20.5　已获成果

1）依托本项目申请两项国家实用新型专利。

2）依托本项目申请两项发明专利。

3）本项目已获得"第七届全国大学生机械创新设计大赛"河北赛区特等奖。